用户研究基础与实践

李志榕　王哲　张佐鹏 ⊙ 编著

图书在版编目(CIP)数据

用户研究基础与实践 / 李志榕, 王哲, 张佐鹏编著.
长沙: 中南大学出版社, 2025.3.

ISBN 978-7-5487-5866-2

Ⅰ. TB472

中国国家版本馆 CIP 数据核字第 2024WR7137 号

用户研究基础与实践

YONGHU YANJIU JICHU YU SHIJIAN

李志榕　王哲　张佐鹏　编著

□出 版 人　林绵优
□责任编辑　韩　雪
□责任印制　唐　曦
□出版发行　中南大学出版社
　　　　　社址: 长沙市麓山南路　　　邮编: 410083
　　　　　发行科电话: 0731-88876770　　传真: 0731-88710482
□印　　装　广东虎彩云印刷有限公司

□开　　本　710 mm×1000 mm　1/16　□印张 13　□字数 225 千字
□版　　次　2025 年 3 月第 1 版　□印次 2025 年 3 月第 1 次印刷
□书　　号　ISBN 978-7-5487-5866-2
□定　　价　88.00 元

前言

在这个快速变化的时代，用户的需求和行为模式不断演变，对于任何希望在市场中保持竞争力的企业来说，理解用户变得前所未有的重要。《用户研究基础与实践》正是为了帮助读者深入理解用户研究的重要性、流程、方法和实践应用而编写的。

1. 为什么要做用户研究

用户研究是连接用户需求与产品开发的桥梁。它不仅是一个简单的市场调研活动，而且是一个系统的过程，我们可以通过用户研究深入了解用户的真实需求、偏好和行为。通过用户研究，我们可以发现用户的痛点，预测市场趋势，并据此设计或提供更符合用户期望的产品或服务。本书将探讨用户研究的必要性，并展示它如何帮助企业实现目标和提升用户体验。

2. 用户研究是什么

用户研究是一门科学，也是一门艺术。它涉及收集、分析和解释与用户相关的数据，以便更好地理解用户。本书将介绍用户研究的基本概念，包括它的起源、发展以及在现代商业环境中的应用。我们将讨论用户研究如何帮助我们构建用户画像，以及如何通过用户研究来指导产品开发和创新。

3. 用户研究流程

用户研究不是一蹴而就的，它是一个循环迭代的过程。本书将详细介绍用户研究的标准流程，从确定研究目标到数据收集、分析和报告。我们将讨论如何制订研究计划，如何选择合适的研究方法，以及如何确保研究的有效性和可靠性。

4. 用户研究方法

用户研究的方法多种多样，包括定性和定量研究。本书将详细介绍各种用户研究方法，如访谈、问卷调查、用户观察、焦点小组、模拟体验、可用性测试等，并提供实际案例来说明这些方法如何在不同的情境下应用。

5. 用户研究数据分析

数据是用户研究的核心。本书将教授如何对收集到的数据进行分析，包括定性数据的编码和主题分析，以及定量数据的统计分析。我们将探讨如何从数据中提取有价值的见解，并将其转化为可行的策略。

6. 用户研究的可视化表达

用户研究的结果需要以一种易于理解的方式呈现给团队和决策者。本书将介绍如何通过图表、信息图和其他视觉工具来有效地传达研究成果；讨论如何制作吸引人的报告和演示文稿，以及如何确保信息的清晰和准确传达。

本书中，我们不仅提供了理论基础，还提供了丰富的实践案例和技巧，以帮助读者将用户研究的原则和方法应用到实际工作中。希望本书能够成为读者在用户研究领域的指南，帮助读者更好地理解用户需求，设计出更成功的产品和服务。让我们一起开启这段探索用户世界的旅程吧。

在编写过程中，我们参阅了大量文献资料，吸取了许多专家学者的宝贵经验，在此表示衷心的感谢。由于水平有限，书中难免存在疏漏和不足之处，敬请各位专家、读者批评指正。

笔者

2024 年 10 月

目录

第一章
为什么要做用户研究

第一节　TOP 企业的用研启示

用户研究(user research，UR，简称用研)，是产品设计流程中不可或缺的重要环节，贯穿产品的整个生命周期。尽管设计师在日常工作中已经融入诸多设计调研活动，但对用户研究的深入了解和方法的全面掌握尚显不足。因此，本节旨在向设计师及相关学习者介绍不同行业如何进行用户研究，以期帮助大家初步认识用户研究的重要性，理解用户研究的价值。

全球知名企业之所以能保持长期的竞争力，除了它们在各自领域的卓越表现，还在于它们都重视用户研究。这些企业对用户需求有着深刻的洞察力，能够精准地满足用户期望，从而在用户忠诚度、产品销量以及企业利润等方面保持领先地位。用户获得优质的服务与体验后，会对企业提供的产品与服务产生黏性和依赖。这些企业通过运用用户研究的方法和策略，赢得了良好的用户口碑，实现了巨大的商业成功。

一、腾讯的全民参与理念

全民参与(customer engagement，CE)在深圳市腾讯计算机系统有限公司(以下简称腾讯)是一个人尽皆知的理念，腾讯的全民 CE 理念是指从腾讯的产品经理到设计师，从前后台开发工程师到运营经理和测试等各个角色，都要和用户积极互动，从头到尾了解用户需求，解决用户真正痛点问题，让腾讯的产品更好地服务于用户，提升用户体验。

大约在2006年，全民CE被正式提出，腾讯高级执行副总裁大卫·沃勒斯坦曾这样说：从腾讯早期开始，用户导向也是现在我们通常说的CE，已经是其产品发展链中的核心部分了。在QQ投入使用的早期，腾讯的用研人员就通过沟通与用户建立起合作关系，并利用BBS（电子公告板系统，一般是指网络论坛）查看用户反馈。腾讯早期的这种用户交互研究方法一直比较模糊，直到2006年，CE的概念才开始逐步确立。腾讯一直在做挖掘用户需求与喜好的研究工作，并将这类工作命名为“用户导向”。通过领先的互联网服务和产品去满足用户需求并根据用户需求不断改进，已经成为腾讯最核心的目标。腾讯在坚持CE理念的基础上成长迅速，成为如今互联网头部名企。

腾讯的每位新雇员都将学会全民CE的理念，并通过多种方式与用户互动，以了解用户的需求，将一切“以用户价值为本”的理念贯彻到产品研发和运营的实践当中。

CE方法在了解用户需求、提升产品体验等工作中得到了很好的运用，其中，市场分析、数据挖掘、焦点小组、用户观察、问卷调查、眼动仪测试等方法被广泛应用于各种产品的研发中。腾讯进行一些用户研究工作时，不仅会邀请用户参加，还会邀请产品的开发和测试同事作为对照组参加，将用户的反馈和产品开发团队的思考进行比较，为许多产品设计带来新的灵感和智慧。

腾讯的各个产品线中都包含用户研究工作，为了使内部CE相关工作人员可以很好地交流，企业将CDC（customer research & user experience design center，用户研究与体验设计中心）设立为腾讯的核心部门之一。通过组织一些关于CE的专题沙龙，邀请其他的CE从业人员、设计师、产品经理等参加，分享CE在各种产品上的应用方法、效果和经验。CE主题的沙龙活动把CE知识传递到公司更多不同岗位的同事中，成为公司级专业CE交流和学习的良好平台。

腾讯高级执行副总裁大卫·沃勒斯坦曾评价，随着对CE重要性认识的加深，企业已经有特定的词汇和成套的方法，例如：用户画像、用户体验地图、AB测试等用户体验相关特定词汇。他们可以运用CE更好地了解用户的不同需求。腾讯的CE方法逐步渗透到越来越多的部门，同时也促进了不同业务部门之间的信息分享，获得了超出预期的效果。然而，他补充CE是一个不断更新的过程，因为用户需求是变化的，人及其感知特性也是随着时间的变化而变化的。为了更好地了解用户，CE 方法要不断更新，但可能会出现矛盾，甚至会产生令人疑惑的结果。因此，思考如何改进产品和服务，作出有挑战性的决定，也是 CE 方法的一种独特魅力。

二、小米的用户商业策略

小米科技有限责任公司(以下简称小米)的产品研发理念是用户第一，在该理念的指导下研发出的产品能在很大程度上得到市场的认可。在传统的销售方式中，小米是不可能实施低成本战略的，因为经销商也需要盈利，如果经销商没有利润或者利润很低，那么企业将难以与之合作。为了应对这种局面，小米推出了自己的终端商店——小米之家。

小米的产品定位包含明确的目标用户群体、把控产品品质、设置产品功能、合理定价等多个层次。小米在产品设计中对于极简思维的运用是独一无二的，它从流程和人机工程学角度出发，以最大限度地满足用户的需求，追求极致的用户体验，实现用户群体的定位与挖掘核心功能。小米的产品研发是以 8080 原则(也叫二八法则，是指 80%的社会财富集中在 20%的人手里，而 80%的人只拥有 20%的社会财富)为指引的，通过整合企业有限的资源，为用户解决最关键的痛点问题，具体体现在小米注重性能，专注于技术迭代，如解决系统的卡顿问题；小米手环侧重于记录步数、睡眠监测和闹钟三个方面，通过去掉显示屏来延长电池的使用寿命，从而解决同类产品要经常充电的问题。

在此基础上，小米不断拓展，赋能自己的生态链产品边界，构建用户生活新方式。其聚焦功能性产品，并且规模都远高于平均水平。小米的生产链产品可以划分为四种类型，分别是智能手机、周边产品、智能硬件和生活耗材。小米将智能硬件与生活耗材结合，全方位地满足了“米粉”的需要。小米采用生态链的投资孵化模式，保证每条产品线都能把所有的人力、物力、智力和精力投入产品的研发和生产上。具体而言，小米的研发团队，专注于手机、路由器、AI 音箱等产品的研发和制造；其他生态链产品是由小米投资的各生态链企业负责。小米从品牌、供应链、渠道和资金等多个层面对供应链企业进行全方位的支持，并在产品设计环节起整合和主导的作用：在前端，统一产品造型和产品设计基调，加强消费者对该品牌的认识；在后端，则对传统制造业赋能，持续地复制小米的成功模式，建立一个泛集团、生态化的发展模式。

为了避免设计与用户需求之间的脱节，小米要求员工与用户进行紧密的沟通，积极收集用户反馈，倾听用户诉求，让用户参与产品设计、优化与营销等过程。小米的经营团队注重收集用户反馈，通过用户反馈对产品进行深入了解和改进。小米公司的创始人团队每天都要在微博上回复网友们的留言，小米的全体员工都是客服，这一切都是小米赖以生存的商业模式。

小米没有给自己设定关键绩效指标(key performance indicator，KPI)，很大程度上就是要通过用户反馈推动产品的研发，让产品的研发流程能够更好地满足市场和用户的需求。小米 MIUI 系列的设计师和工程师经常活跃在小米的贴吧里，每周都会根据用户反馈对产品进行调整更新，让产品不断迭代。对于企业的内部奖励也是如此，只有当产品或项目得到了用户的认同，其负责人才会得到奖励。

公司注重用户体验，用户也会认真对待公司，这种作用是相互的。只有“爱玩”的团队才能爱产品、爱用户，设计出自己喜欢、用户喜欢的好产品。

三、IDEO——以用户为中心的先行者

全球创新设计咨询公司(以下简称 IDEO)正式成立于 1991 年，其历史可追溯至 1978 年，由 David Kelly 设计室、ID TwO 设计公司、Matrix 产品设计公司合并而成。IDEO 提供的设计服务包括产品设计、环境设计、数码设计等，已经成为当代较具影响力的设计和创新公司之一。

作为以用户为中心设计的先行实践者之一，IDEO 始终将人置于设计工作的核心地位，这是 IDEO 的主要设计理念。无论什么产品，首先要理解终端用户。只要用心倾听用户的经历，用心看待对方的行动，你就会发现用户内心深处的需要和欲望，从而激发你的设计灵感。在设计过程中，IDEO 强调通过模型启发思考，并在建模中不断学习，贯穿灵感的激发、创意的产生和设计的实施。

IDEO 做到了兼顾满足用户需求与做好设计，其原因体现在其设计思维的三个阶段。

1. 以用户为中心研究阶段

在设计项目开始前，IDEO 会召集相关心理学家、人类学家、社会学家等专家组建人因(human factors)专家组，这些专家富有同理心，能清楚、准确地洞悉用户的潜在需求并运用其专业领域的知识设计项目问卷、寻找极端用户及执行项目。项目开始的第一步，IDEO 会进行内部研究(looking in)，即考量研究这

个项目需要解决的特定问题。然后通过用户研究部门调研用户遇到的问题，对其进行反复验证修改，在此过程中逐步明确下一步要调研的对象。第二步是外部研究(looking out)，即调研受访者，包括用户、经销商、竞争者、行业专家等。IDEO针对不同的问题及不同的目的，采取不同的方式，如面谈、入户访问、田野观察、追踪记录等。在内部研究和外部研究过程中，团队成员的敏锐观察力、访谈技巧、换位体验思考能力等有助于项目组从全新的角度看待问题。

2. 信息整合与提炼阶段

IDEO要求团队具备信息整合与提炼的能力，这是一种信息处理方式，即挖掘本质并建立信息的关联性，让人们可以清楚地理解背后的规律和共性，引导团队制订相应的设计方案。

IDEO公司内部大量采用了具有其特点的信息整合方法，包括梭形整合、蝴蝶测试和视觉思维。

梭形整合：在这种方法中，IDEO设计师就像故事大师，将杂乱无章的信息数据进行阐释并整合在一起，创造出一个完整的想法，这个想法可以被描述为一个故事，当然故事的叙述要具有一定可信度。

蝴蝶测试：这种方法有点类似于头脑风暴，IDEO设计师洞察捕捉不设范围的想法，通过写便笺将这些想法以有意义的方式排列汇聚。当产生了多个有推进前景的想法时，下一步进行投票，IDEO设计师可以投票选出他们认为应当继续推进的想法。这个过程就像花朵吸引蝴蝶，团队成员通过检视各种想法，来判断哪些想法吸引了最多的蝴蝶。

视觉思维：对于一些复杂的问题，IDEO在设计过程中大量采用可视化与图形化的方法帮助设计师考虑问题、作出决定，画图是帮助设计师同时表达出想法的功能特征和情绪内涵的好方法。

3. 快速迭代式原型实施阶段

IDEO在设计过程中应用快速迭代式原型方法(rapid prototyping)，即在最短时间内以具象化的形式表现脑海中的想法，同时IDEO坚持以尽量低的成本犯错，尽早地犯错。因此在设计时，IDEO不断循环设计—原型—反馈的过程，将研究和设计两者有机紧密地结合，不断地测试、修正，并进行快速循环，从而确保团队能够随时调整方向，对设计进行修正，使之不脱离用户真正的需求。与此同时，IDEO项目组也十分注重与用户在不同阶段的交流沟通，在项目进行时与用户分享初步的设计想法，最终得到与用户充分接触、交流、协作的成果，这实现了设计方案最大限度贴近用户实际需求。

综上，IDEO 的设计思维贯彻了以用户为中心设计的理念，在方法、流程等方面做到了与用户密切联系，其宗旨是为用户提供最佳的体验。

四、苹果的用户至上理念

可以说，目前苹果公司(以下简称苹果)是世界上较成功的企业之一。苹果及其旗下产品已经成为流行文化的标志。苹果手机如此火爆，一方面依赖于其技术上的创新、设计上的时尚或体验上的新鲜，另一方面是因为其基于 iTunes 和 App Store 平台创立了一套完整的全新商业模式——酷终端+用户体验+内容。这套商业模式很好地实现了用户体验、商业模式和技术创新三者之间的平衡，三者相互补充又相互促进。苹果形成了软件+硬件+服务+商业生态的模式，其设计理念与商业模式很快超越了其他手机厂商，包括当时最出名的诺基亚。

与此同时，苹果的商业模式证明用户不仅会为手机买单，还会为应用内容买单，甚至用户在应用内容上的开销会超过购买一部苹果手机的费用。这一模式迅速拓展了苹果的业务范畴，并提高了苹果的盈利能力。从 iTunes 音乐平台再到 App Store，苹果通过不断创新自己的商业模式，创造了一个又一个商业史上的奇迹，使苹果成为移动互联网时代的领航者。

苹果在设计开发过程中，坚持用户至上的理念，苹果对用户的研究体现在以下方面：

(1)简约设计理念。苹果的设计和开发遵循简约的设计哲学与设计心理学，苹果进行用户研究的第一步是目标用户需求分析，通过极简的设计理念把握用户需求，让用户在审美性及操作上都获得了极致体验。

(2)同行分析。苹果在项目进行时会对同行的同类产品进行分析，这也有助于进一步明确产品的目标用户群，以便在同行竞争中取得优势。

(3)用户的产品使用场景与流程分析。苹果在确定了目标用户群之后，会定义和分析他们的工作流，并从中提取出能定义整个工作流的心智模型组件，判断产品预期。

(4)收集用户反馈。苹果在设计过程中就已经开始多渠道倾听用户反馈，包括可用性测试、认知走查、群组走查、实地观察以及探索式走查等，通过以上方法收集用户反馈，并将其作为改进产品的依据。

(5)删繁就简，趋利避害。删繁就简指的是苹果在研发产品时，并不会刻意多地增加产品的功能，苹果时刻铭记最好的产品不是拥有最多功能的产品，而是易用性更强的产品。趋利避害指的是苹果在产品研发时每开发一个新功能，就会考虑这个功能可能带来的后果，权衡好用户需求与功能设计的关系。

(6)设计时注重用户体验。例如，苹果在界面设计时会注重操作是否高效，图标是否引人注目且易于理解，操作流程是否明晰，界面切换是否流畅等细节。

(7)80%的设计采用率。这类似于8080原则，即苹果在设计过程中，保证产品设计至少满足80%的用户需求。

(8)苹果自己的特色。这也是苹果至今经久不衰的原因，永远不忘记自己的特色，才是成功的关键。

五、特斯拉精准定位用户需求

特斯拉公司(以下简称特斯拉)是美国一家以电动汽车为主要业务且是全球首家真正成功商业化的电动汽车制造企业。自2003年创立至今，特斯拉就以其创新的技术、优秀的产品、独特的营销模式及对用户需求精准的洞察，赢得了全球消费者的青睐和市场的认可，并持续引领着电动车市场的发展潮流。

特斯拉的产品策略是先从高端市场切入，再逐渐渗透到低端市场，打造一条完整的、全系列的电动汽车产品线。特斯拉最早推出的车型是Roadster(图1-1)，这是一款高端纯电动跑车，其目标用户是以追求高性能和环保为购车目的的高收入人群。紧接着特斯拉又推出了新款车型Model S[图1-2(a)]和Model X[图1-2(b)]，这两款车型的目标用户是追求豪华感和智能化的中高收入群体。这些高端产品帮助特斯拉在市场上树立了良好的品牌形象和赢得了用户口碑，同时也为其积累了资金和技术。

图1-1 特斯拉 Roadster

特斯拉在低端市场上推出了更为平价的Model 3[图1-2(c)]和Model Y[图1-2(d)]，这两款车型的目标用户是对性价比和实用性有高要求的中低收入人群。这两款价格适中的车型也帮助特斯拉扩大了市场份额，增加了用户基数，同时提高了收入和利润。通过这种产品策略，特斯拉已经做到从高端到低端的全车型覆盖，且满足了不同层次、不同需求、不同偏好的用户需求。

(a) Model S

(b) Model X

(c) Model 3

(d) Model Y

图 1-2　特斯拉不同车型

特斯拉采用直销的营销策略，通过社交媒体和用户的口碑传播，达到了低价高效的市场推广效果。

1. 直销的销售模式

特斯拉并没有采用传统的经销网络，而是通过官方网站、线下门店和展示中心等渠道，直接与顾客进行沟通和交易，从而达到对产品及服务的全过程调控优化，提高了用户满意度和忠诚度。同时，特斯拉将产品直接销售给消费者，省去了中间商的利润，降低了产品的售价，也减少了运营成本。

2. 社交媒体的传播

特斯拉不使用任何形式的付费广告，而是通过 Twitter、YouTube、微博等社交媒体平台进行品牌宣传推广，同时实现了与用户互动。特斯拉的 CEO 马斯克经常在 Twitter 上发布关于特斯拉的最新消息、产品预告及用户反馈等内容，吸引了数千万粉丝和众多媒体的关注，并且获得了大量的讨论与转发，极大地提升了其产品的曝光度和信任度。

3. 口碑积累

口碑积累其实才是一家企业最具公信力和最有效的营销方式，通过用户之间的推荐和分享，不仅可以提升品牌知名度，还可以进一步扩大市场份额。统计表明，有超过八成的特斯拉新用户是被老用户引荐购买的。特斯拉有一项引荐奖励机制，会给复购或推荐新用户的老用户提供一定的福利。特斯拉以其高质量产品和高水平服务赢得了用户的认可，同时激发用户自发宣传和推广。

除了从高端向中低端覆盖的产品策略，特斯拉的品牌思维方式也与众不同。相较于其他的新能源汽车企业，特斯拉从一开始就确定了独特的品牌定位，并把工作重心放在产品体验上。特斯拉在研发初期的首要任务是发现和创造需求，而不是把精力放在如何提高电池的续航能力以及缩短充电时间上。传统车企可能会先从技术、外观、零部件等方面着手研发车型，但特斯拉采用逆向思维，他们一开始就在考虑消费者到底想要什么样的产品，如何才能让他们获得优质的用户体验。

在特斯拉成立之前，正在寻找商机的马丁·艾伯哈德（特斯拉的联合创始人和第一任首席执行官）无意中发现硅谷里的普锐斯汽车总是与路虎、奔驰、宝马等品牌汽车停在一起，他认为人们购买环保型汽车并非出于省油，而是追求与众不同。

同时，特斯拉通过在市场内部署一套数字化终端 App，实现了与消费者的紧密连接，帮助用户更高效地获取有关产品、社区、责权关系及服务等信息。通过数字化终端，特斯拉可以不断加深用户对品牌的认知、提升用户信赖度，且从提供传统的以销售为中心的被动式服务体验，转变为提供以用户为中心的主动式服务体验。消费者的整体体验已不局限于单次的交易，而是通过满足整个交易过程中一系列透明平等及可信赖的交互需求来体现，而且特斯拉销售的是“产品+服务”，并非单纯的汽车产品，这些已经远远超出传统的汽车服务体验认知。

特斯拉的成果给全球电动车行业的最大启示是，没有市场可以创造市场，没有需求可以创造需求。特斯拉这种先打通高端市场，迅速树立起自己的品牌高度的战略也使所谓配套设施成本及用户怀疑等问题迎刃而解。

以上这些知名企业深知，要想在激烈的市场竞争中立于不败之地，就必须始终保持企业的活力和竞争力，而要做到这一点，关键在于做好用户研究。它们明白，用户体验是决定用户是否愿意长期使用产品或服务的关键因素，有时甚至比用户服务更加重要。

为了给用户带来完整且对口的体验，这些企业都投入了大量的精力和资源。它们不仅关注产品的功能性和易用性，还关注用户在使用过程中的情感需求和心理预期。通过深入了解用户的需求和痛点，它们能够不断优化产品设计，提高用户满意度。

当用户在使用这些企业的产品或服务时，他们能够感受到企业对他们的关心和尊重。这种良好的体验会让用户更愿意为企业带来更多的销量和新用户；同时，用户在社交媒体上对这些企业的评价也往往是积极的。这些积极评价不仅能够帮助企业树立良好的品牌形象，还能够吸引更多的潜在客户。

此外，这些积极评价还具有潜在、不可估量的作用。首先，它们可以帮助企业在竞争激烈的市场中脱颖而出，吸引更多的关注和投资。其次，这些评价可以作为企业产品和服务质量的重要参考，帮助其不断改进和创新。最后，这些评价还可以激发企业员工的工作热情和积极性，提高团队整体的凝聚力和执行力。

总之，这些企业通过做好用户研究和提供良好的用户体验，成功地保持了企业的活力和竞争力，他们的成功经验值得其他企业学习和借鉴。每一家企业在进行用户研究时都有同样的主目标，即如何更好地满足用户的需求，这也是用户研究的核心所在。在日常生活中，形形色色的用户会有各种各样的需求，只有在对自身的产品和服务进行持续改进的同时，对用户进行深入研究，持续性地分析用户的原始需求，才能做到满足用户需求，使企业在竞争中占据上风。

第二节　用户研究的发展历程

一、用户研究的提出

用户研究在商业社会中萌发，随着商业的不断发展，其边界也在不断扩展。工业生产推动供给从匮乏走向富足，商品买卖双方发生了两种显著的转变，即卖方开始思考与关注怎么从众多的竞争对手中脱颖而出，买方因为供给品类与供给方的增多而开始考虑性价比。至此，商业社会从供给驱动转换为市场驱动。

一些大型企业为了维护自己的市场地位或提升企业的综合实力，开始关注用户的需求和市场上竞品的表现。研究者逐步形成了一套科学化、系统化的用户研究方法，市场研究的重点逐渐从研究外部环境转向研究消费者本身，但是用户研究的角度只是帮助企业基于现有的供给状况找到匹配的用户，其使命在于构建一条迅速触达用户的渠道，而并非将用户的需求纳入企业的思考或者产品的设计中。

1923 年，阿瑟·查尔斯·尼尔森(Arthur Charles Nielsen)在美国创立了 AC 尼尔森公司。该公司是全球第一家从事市场研究的公司，它为全球范围内的市场研究领域输入了基础的理论与行业认知。1924 年，宝洁公司为研究消费者的喜好及购买习惯成立市场研究部门，进一步丰富了用户研究的理论和方法论体系。直到今天，AC 尼尔森公司与宝洁公司的理论还在时代发展中不断进化，成为用户研究行业坚实的理论基础。

在 20 世纪 80 年代，唐纳德·诺曼在其专著《设计心理学》中提出了以用户为中心的设计(uer-centered design，UCD)概念，他认为设计更应关注用户的需求，抓住用户的兴趣所在，并以此提升设计的可用性和易用性。UCD 指的是在进行交互式产品(包括各种具有人机用户界面的互联网、计算机、移动数码设备等产品)的研发时，首先要将用户放在核心位置，以此为基础设计出满足用户高水平需求并且具有良好用户体验的产品，它为开展用户体验的相关研究实践提供了理论和方法。

以用户为中心这一思想在当时的设计界得到广泛传播与应用，人们开始接受用户不仅是设计的接受者，还是设计与生产的参与者这一理念。思维的转变催生出一系列基于用户的研究与设计方法，例如在桑德斯绘制的设计研究地图(图 1-3)中，基于专家心态且以研究主导的方法占据主要地位。我们现在所熟知的用户研究体系则正是基于这类以专家心态收集分析数据，并从社会科学、行为科学和工程领域挖掘研究方法的模式逐步形成的。

概括地说，UCD 就是在产品研发的全流程中，都要以用户为中心，通过用户需求的收集和分析、用户场景和任务分析及可用性测试等活动来实现产品的迭代优化。

就用途而言，UCD 发展的最初目标是实现产品的可用性。在这一背景下，

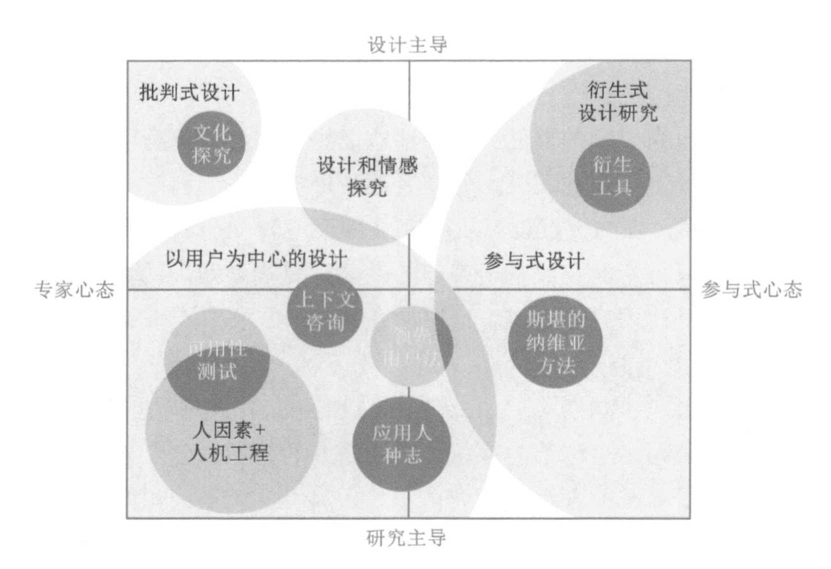

图 1-3　桑德斯绘制的设计研究地图

用户需求不断多样化，这使得 UCD 积累了越来越丰富的实践经验。因此，UCD 在应用过程中也更注重追求极致的用户体验。

就应用范围而言，UCD 发展的最初方向主要是交互类产品，如电脑的应用程序及手机 App 等，但如今 UCD 的应用已不局限于此。UCD 的理念和方法不仅适用于交互式产品的设计，也适用于业务流程设计、服务设计、新商业模式和业态设计等，因为它们都具有一个相同的关键点——存在与用户发生交互的触点，不同的触点产生了各种不同的用户体验。例如，一个酒店的服务系统包括顾客的在线预订、车站机场接送、大厅登记、入住服务、餐饮服务等，每项服务都与顾客发生直接的交互，整个酒店服务系统的用户体验取决于顾客在每项服务上的体验感。

二、用户研究的发展

用户研究真正意义上的蓬勃发展需要四个必要条件：一是物质财富与社会文化的空前发展使供给侧出现结构性的变化，供给数量与品类空前丰富；二是信息“爆炸”使得用户获取信息的能力呈几何级递增，产品和服务的有效传播速度在和用户的认知速度赛跑，如何不被信息淹没是企业和品牌要面临的重大问题；三是用户的幸福感知来源由物质追求转变为精神追求，用户的决策动机和情感需求远远超过对于产品和服务的功能需求；四是互联网的兴起快速拉近了供求双方的距离，沟通渠道无障碍，用户需求表达直接快捷。

传统的用户体验研究以定性研究为主，很难实现大量数据样本下的定量研究，使得用户研究人员难以对用户行为进行细粒度、全方位的分析。大数据技术在用户体验研究方面具有以下优势：数据规模大，可以对用户数据进行全量分析；多维度、非结构化数据源，使得用户特征的提取更加完整全面；计算速度快，能够实现对用户体验问题的快速甚至实时跟踪；数据具备真实性、有效性，分析结果具备准确性、全面性，会使用户研究具有更高的参考价值；大数据的内容是与真实世界密切相关的，其数据源及分析过程客观可靠。随着大数据技术的发展，大数据能够从多个维度进行全量数据采集，能够对用户进行更细致的特征分析，为个性化的用户体验设计创造条件，有效推动用户研究的发展。

对于设计者而言，通过大数据分析可以有效提高用户体验研究方法的准确性，从而实现以用户体验为中心的产品设计目标；站在用户角度来看，通过大数据驱动的用户研究所设计生产的产品，不仅能够最大限度地满足用户的需求，还能对特定用户的需求进行精准适配，体现了以人为本的产品设计理念。在需求驱动的时代，无论是企业还是个体都要具备用户思维，一切要以用户为出发点，因此用户研究变得空前重要。在这个时代下，用户研究已然从一种职业转变为一项技能，成为商业与产品最核心的起点与终点，贯穿商业与产品发展的始终。

三、用户研究的创新

用户研究是一个不断发展的领域，近年来出现了许多新的研究成果和方法，以下是一些最新的成果。

1. 人工智能在用户研究中的应用

随着人工智能技术的不断进步，越来越多的研究人员开始尝试将其应用于用户研究领域。举例来说，一些研究者通过使用人工智能的自然语言处理技术来分析用户在社交媒体上的在线评论与互动，通过此方式深入了解他们的需求和偏好。此外，研究者用机器学习算法对大量用户数据进行分析，以发现潜在的用户需求和行为模式。

2. 眼动追踪技术

眼动追踪技术是一种非侵入性的生理测量方法，可以用于研究用户在与产品或服务互动时的注意力分配和视觉搜索行为。近年来，随着眼动追踪设备和技术的不断改进，其在用户研究中的应用越来越广泛。分析用户的眼动数据是理解用户选择行为和感知决策的重要方法，其反映了用户视觉感知的认知处理过程。用户的网页搜索行为是眼动研究经典的例子，有研究发现，针对不同搜索阶段及不同搜索任务，用户的搜索行为存在差异。有相关研究聚焦用户在信息搜索过程中对相关信息的感知状态，通过阶段性眼动追踪数据挖掘感知与未感知用户在信息搜索时的眼动行为特征，进而根据表征感知用户基本特征的眼动指标构建相关信息感知预测模型。

3. 虚拟现实（virtual realty，VR）和增强现实（augmented realty，AR）技术

虚拟现实和增强现实技术为用户体验研究提供了全新的平台。通过使用这些技术，研究者可以让用户沉浸在虚拟环境中，观察他们在与产品或服务互动时的行为和反应。这种方法有助于更真实地模拟现实世界中的情境，从而更准确地评估用户体验。

4. 情感分析和情绪识别

情感分析和情绪识别是用户研究中的重要方法，可以帮助研究者更好地理解用户的情感需求和体验。近年来，这一领域的研究取得了显著进展，尤其是在语音和面部表情识别方面。这些技术可以应用于各种场景，如产品设计、广告评估和客户服务等。

第二章
用户研究是什么

第一节 “用户”基本概述

一、什么是用户

用户研究中的用户是指产品的使用者，我们可以通过把产品的使用者拆分为产品、使用和使用者三个方面来理解用户这一概念。在《人机交互工效学第210部分：交互系统的以人为本设计》(ISO 9241-210：2019)的定义中，用户使用的产品包括实体产品、系统或服务。实体产品分为电子产品和非电子产品两类，大到航空设备，小到日常穿的袜子、鞋子都是实体产品。系统指我们使用的电脑、手机系统，也包括公司、政府等机构的组织系统。而服务则包括我们生活、工作中涉及的公共交通、医疗等直接或间接的各种服务。

二、用户的分类

在进行用户研究时，会遇到各种各样的用户，他们有不同的性别、年龄、性格特征及产品需求等，这是做用户研究时的一个重点和难点，需要把大量的用户需求划分成几个可管理的部分，这将通过用户细分来完成。

最常用也是最简单的用户细分方法就是将用户分成更小的群组或细分用户群，每一个细分用户群都是由具有某些共同关键特征的用户组成的。有多少用户类型几乎就有多少种方式来细分用户群。用户细分可以将全部的用户按照不同类型来划分成很多有共同需求的群体，以此来帮助我们更好地调研用户，研究不同细分用户群的需求。

市场营销人员通常依据人口统计学的标准来划分用户，最常见的就是按照性别、年龄、教育水平、婚姻状况、收入等进行划分。这些人口统计的数据概况可以相对粗略，如18~49岁的男性；也可以非常具体，如大学毕业、未婚、年薪30万、年龄在25~34岁的女性。

用户细分是企业为了实现用户需求的异质性，将有限的资源集中在市场上进行高效的竞争。在一个明晰的战略商业模式和特定的市场中，企业可以基于用户属性、行为等要素来对用户进行分类，并制订具有针对性的产品、服务的销售模式、运营模式，以实现用户价值和产品价值的最大化。

在系统实施层面上，通过算法对其进行标记统计和分类，并将其呈现为用户画像，最终量体裁衣地在战略、界面和运营方式上体现。

常见的用户细分有6种模型和5类维度。

图2-1为梁宁[①]根据商业模式中的主要角色及某角色下的用户分类。

例如，新开业了一家餐饮店，大众点评平台与该商家合作推出了一款套餐，大众点评平台会按更高的比例推送给用户等级高、活跃度高、经典评论多的“头羊”；“头羊”享用该套餐后作出点评，吸引“大明羊”“小闲羊”“笨笨羊”来消费。

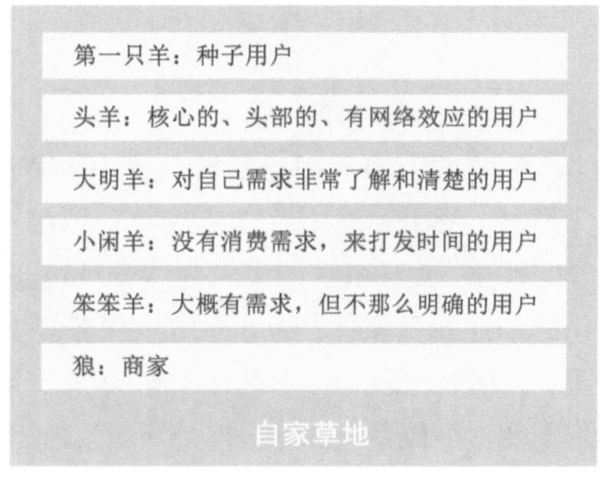

图2-1　梁宁的用户分类思维

在UCPM产品管理知识体系（图2-2）中，其按照用户行为将用户分为5类，并将各用户关系进行梳理，具体如下：购买者（执行购买行为并主要关心价格）、使用者（使用产品并考虑产品的性能）、影响者（为决定的产生提供指导的各类群体）、信息管理者（控制信息流向并与其他人联络）、决策者（正式批准

① 梁宁：曾任湖畔大学产品模块学术主任，联想与腾讯公司高管、CNET集团副总裁。

购买决定并关心决定的内部政策部分）。

例如，早幼教育产品的决策者、购买者、信息管理者、影响者都是家长，使用者是学生；小学教育产品的决策者、购买者是家长，使用者是学生，信息管理者、影响者是家长和学生。对于企业服务产品，一个办公软件的购买要经过采购部的货比三家、财务部的预算、使用员工的意见、管理维护人员的管理维护、高层的决策，因此购买者是采购部，使用者是使用员工，信息管理者是财务部和管理维护人员，决策者是高层。

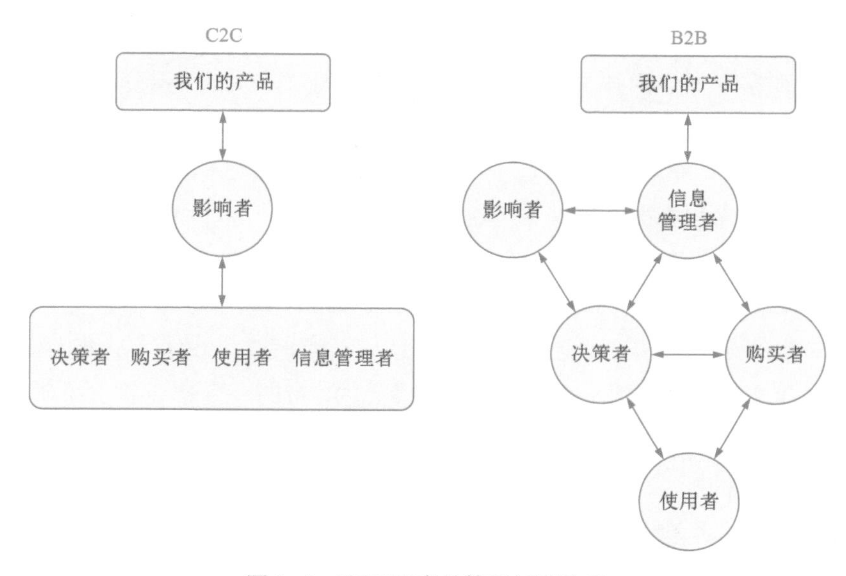

图 2–2　UCPM 产品管理知识体系

按用户的经验水平分类，即通常根据用户对某个产品的熟悉程度和经验水平，可以将用户分为新手用户、普通（熟练）用户和专家用户。

新手用户通常是对某个领域或产品没有任何产品使用经验和知识的人群。他们可能刚刚开始接触和了解这个领域，并可能对基本概念和操作方式感到困惑，同时他们可能缺乏自信，需要更多的指导和帮助来理解并使用产品或服务。他们通常会提出更多的问题，并需要更多的时间来学习和适应。对于新手用户，产品设计应该尽量简单直观，易于理解和操作，以减少他们的学习成本。

普通用户，也被称为熟练用户，是介于新手用户和专家用户之间的群体。他们具有一定的产品使用经验，能够熟练地完成日常操作，但对于一些高级功能或者复杂问题的解决，可能还需要借助帮助文档或者求助他人。对于普通用户，产品设计应该提供足够的指引和帮助，以帮助他们更好地理解和利用产品的功能。

专家用户通常是对某个领域或产品具有丰富经验和专业知识的人群。他们对产品或服务有深入了解，能够准确、熟练地完成各种任务，并解决出现的问题。专家用户可能具有高度的自我效能感，能够自信地使用产品或服务，并可能对产品的功能和性能有更高的要求。他们可能对新的产品或服务有更高的期望和要求，并希望得到更多的专业支持和帮助。对于专家用户，产品设计应该提供足够的灵活性和扩展性，以满足他们个性化、高级化的需求。

用户研究中要将用户进行细分。在项目汇报中，一个高频问题会经常出现，那就是“谁是你的目标用户？”，如果回答是“所有人都是我的潜在目标用户”，那么接下来的问题十有八九会深挖“细分用户是哪些人群？”。这要求我们在做用户研究时更加聚焦某一类细分人群。

为何细分如此重要？这是因为细分的本质就是将企业的商业策略和用户的需求相匹配。通常企业的商业策略呈现散点状分布。例如，一家企业发布的产品只能是有限的几款，而不可能是几十款、几百款，因为只有这样，才能保证企业有较高的生产效率。但用户的需求是相对多元的，有的人喜欢高品质的产品，也有人追求价格低廉的产品。对于每一个方面，用户的需求都是各不相同的，就拿品质这个方面来说，又可以进一步细分出对品质细节要求苛刻的用户。

企业必须利用自身有限的几款散点化的产品来更好地满足市场需求，为用户创造最大的价值，获取最多的商业收益。因此，在这一过程中，企业必须进行市场细分。

市场细分的出现，是企业商业策略的局限性与用户需求无限的多元性、差异性之间相矛盾所导致的必然结果。

在细分方面，一个用户研究者应该认识到以下几点。

第一，只有采用差异化的用户细分策略才有价值。

有一类关于细分的成功案例是这样的：企业在进行市场调研时，发现了一类被人们忽略的细分用户群，企业针对这一细分用户群设计并开发出了具有针对性的产品，最终获得了巨大的成功。

但很多用户研究项目的结果表明，要找到有差异化的细分用户群是行不通的，事实却恰恰相反——并不是先有用户细分再有针对性策略，而是需要先建立一套差异化的策略。例如，企业发现了一条新的“流量通道”，然后以此为基础挖掘新的细分用户群，并围绕其制订相应的营销策略。

如果没有差异化的策略，那么对用户进行细分是没有任何意义的。若企业虽然细分出男性和女性两类群体，但是其商业策略并不能针对这两个性别群体进行差异化处理，那么这样的市场细分对于企业而言没有任何用处。

同理，不可能实现的细分需求也毫无意义。仍然以男性和女性两个群体为例，假设研究中发现女性对产品的品质有更高的要求且更愿意为此买单，但是企业无法生产出能够满足这类女性要求的产品，只能生产品质较低的产品，那么这时候再进行性别细分就没有什么作用了。

第二，对需求进行分类，而不是对人。

例如，在网约车行业，机场的订单和普通订单的需求是不一样的，即使对于同一个乘客，市区打车和机场接送两种行为也可以被划分到两种细分类型中。如果进一步分析，会发现用户的接机需求和送机需求又可以细分为两种需求：第一种是送机要求准点到达，别误了登机，时间需求比较重要；第二种是接机要求为尽量好找，上车距离较近，便利性需求更重要。

第三，细分并无统一的标准答案。

细分并没有一个统一的标准答案，只要找出差异化策略或需求就可以。以儿童牙刷为例，因为儿童的手部形状是会改变的，他们对精细动作的掌握水平和熟练程度也在持续变化，所以可以根据不同的手形大小进行细分；进一步观察发现，儿童会经历乳牙期、换牙期和恒牙期，对牙刷的刷毛的强度有不同的需求，此时又可以按照儿童牙齿的不同时期进行细分；再进一步看，还可以发现儿童刷牙存在家长辅助刷牙和儿童独立刷牙的两种不同方式，由于家长辅助刷牙和儿童独立刷牙时刷动方式是不一样的，这两种情况也是可以进行细分的。

第四，通常采用的细分标准更多是为了方便营销操作的中间细分变量。

在现实生活中，通常采用的细分标准是人口属性、地域属性、生活形态等，这些细分标准本身只能作为一个中间变量，最终还需要与策略细分、需求细分结合起来才有价值。比如，当我们的用户策略是对美容院这个渠道进行差异化营销时，根据男性和女性这一性别属性细分，可以有效地满足策略细分的需求。因此我们才会考虑使用性别属性这个中间变量来完成细分工作的实施。在人口学的维度上进行细分，只是为了便于理解和执行，真正进行细分的时候，一定要先从策略细分和需求细分着手。

用户研究者在执行目标用户选择或用户细分任务时，首先应该和业务执行部门进行沟通，弄清楚最近有什么商业策略准备优化和落地，以及这些策略会对哪些用户人群影响更大，进行需求层面的研究，了解用户人群中是否存在差异化需求。如果这个商业策略的确会对某些用户人群产生更大的影响，或者用户人群中的确有明显差异化需求，才需要考虑进行细分研究。

三、对用户的保护

在进行用户研究调查前，有一些涉及伦理道德及法律层面的问题需要仔细考量。用户研究者在收集资料时，保护研究参与者和企业是必须履行的职责，且无关研究规模的大小。

对于隐私保护的最好方法就是不论用户身在何处都必须将隐私条款公之于众。保密协议(图 2-3)具备法律约束力，保护企业的知识产权，并规定研究参与者不得泄露任何在用户研究中的所见所闻，以及用户提出的任何想法、建议和反馈。

企业信笺

保密协议

感谢您同意参加〈简单描述项目〉，并提供您的反馈建议。您将看到的产品概念和相关信息都是保密的，并且没有对外发布。您将参与我们的设计过程并看到这些未发布的产品概念。您同意为您看到的或听到的信息保密直至〈企业名称〉对外发布相关信息。您同意不向第三方泄露信息或者将这些信息用于产品开发以外的其他目的。

此协议涵盖我们与您在〈日期，地点〉的讨论。

如接受这些条款并同意保密，请在下面签名(如此协议是在会议前签署，请将副本寄回)。

我们非常感谢您对于产品设计的参与。〈企业名称〉只有认真理解您的需求，才能设计出可用性更高的产品。非常感谢您的参与。

签字：________________ 日期：____________

企业签字：____________ 日期：____________

图 2-3　产品测试保密协议示例

签署知情同意书(图 2-4)是对研究参与者的道德义务上的保护，它具备一定的道德约束力。但是我们不可能制订出一份万能的知情同意书，因为每个项目都是具有差异性的。在用户研究项目开始之前，你必须对每一个研究项目的潜在风险进行评估，并使用户研究参与者知情。你的道德义务也包括对每个研究参与者的数据资料进行透明化处理，确定企业内部有哪些人有权查看这些资料，如研究者、整个开发团队等，以及确定研究参与者的姓名和其他身份信息是否与其数据相关联，如录像、访谈笔录等。尽管没有任何法律或企业规定你必须告知研究参与者，但这是进行用户研究所必须遵守的道德规范。

知情同意书

目的：您被邀请参加〈项目的研究名称〉。您的参与将提升我们产品的可用性与易用性。这项研究的目的在于帮助我们更好地设计开发产品，而非测试您的个人能力表现。

评估流程：您将被要求操作〈研究参与者需要完成的任务〉。我们会视频记录您的交互过程，并记录您的反馈。

保密性：我们会将您和其他研究参与者提供的数据和信息应用于产品开发。为了确保保密性，我们不会将您的数据和您的姓名关联。这部分将被视频记录。

休息：我们中途〈有/没有〉休息。然而，您可以在任何时间提出休息的要求。

自由退出：您可以在任何时间退出研究，且不会受到任何惩罚。

如果您同意这些条款，请在下面签字：

签字：____________________

日期：____________________

图 2-4　产品测试知情同意书示例

第二节　用户研究概述

用户研究的核心思想是以用户为中心，通过深入研究用户的需求、痛点、行为和态度等方面，发现当前产品存在的问题，明确未来产品的优化目标。用户研究是优秀设计的坚实基础，缺乏智能的研究投入，可能会导致产品美则美矣，但不能满足用户的需求。用户研究的最终目的就是满足需求，创造价值，实现企业增长。

一、用户研究基本概念

用户研究聚焦于需求者、产品业务属性及用户环境，通过研究需求者的感知、认知、决策和行动，发现需求的驱动因素和阻碍因素，并通过满足需求实现价值创造，最终使企业效益增长。用户研究的定义有多种，这背后是众多前辈与从业者结合所在时代的用户研究工作进行的系统性总结。随着商业社会的不断发展，用户研究的边界也在不断扩展，但无论如何，可感知的用户研究的本质都是通过研究用户的特征、行为、感知、需求、反馈等诸多因素助力企业实现商业价值；由此可发现，用户研究的对象是用户，研究的范围是特征、行为、感知、需求、反馈，研究的目的是助力组织实现商业价值。

下面详细地解释这个定义，可以将该定义总结归纳为用户研究的“4321”。

(一)用户研究的四个层次

用户研究研究的是用户的四个层次，分别是感知、认知、决策和行动，它们也是人理解世界、改变世界的四个环节(图 2-5)。

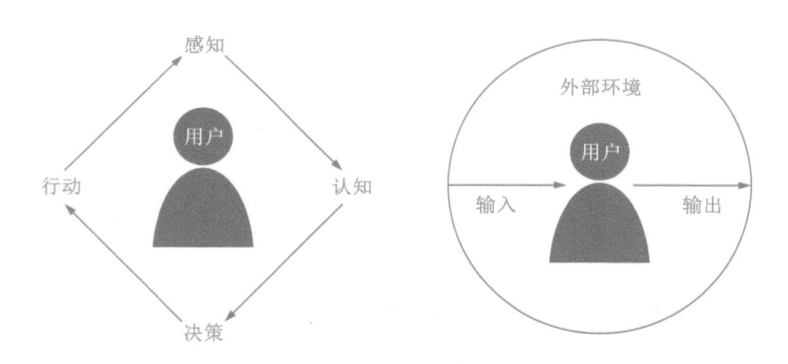

图 2-5　人理解、改变世界的过程

(二)用户研究的三个维度

用户研究包含三个维度，分别是需求者自身、产品业务属性及用户环境。“人、货、场”是一个通用的研究框架，这三个维度一方面是对用户产生影响的三个因素，另一方面也是企业根据自身情况选择是否进入市场的决策维度。

（三）用户研究洞察的两个方面

用户研究需要洞察以下两个方面：驱动因素和阻碍因素。

驱动因素可以理解为人们未被满足，但又希望能够得到满足的需求。阻碍因素则是指人们获得需求的障碍。例如：口渴是人们喝水的驱动因素；水不够干净，喝了会不健康，则是影响人们喝水的阻碍因素。喝水这个行为本身很难被影响，企业只能通过影响这些驱动因素或阻碍因素，最终影响人们喝水的行为。这也是用户研究需要洞察这两方面内容的原因。

（四）用户研究的“1”——最终目的

用户研究的最终目的——满足需求，创造价值，实现企业增长。

企业为什么需要用户研究？我们来看一下企业存在的目的。抽象地说，企业的目的就是“为用户创造价值，并在市场上运用交换的形式让企业长期价值实现最大化”。

一个完整的研究工作，总是包含三个步骤——输入、分析和输出。这三个步骤形成了一个认识世界、改变世界的闭环（图 2-6）。

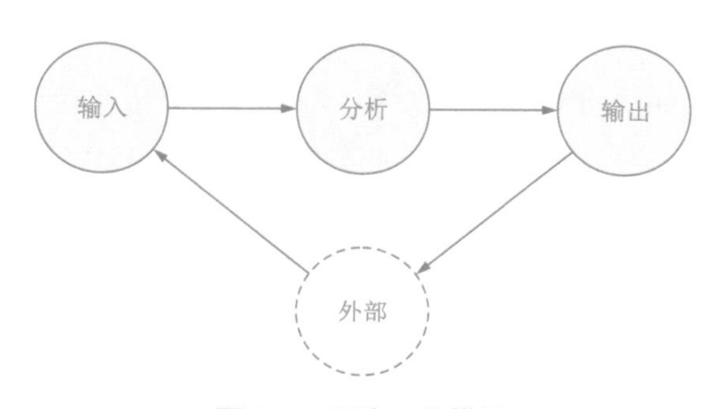

图 2-6　研究工作模型

用户研究中，这三个步骤常常会被描述为获取用户信息、提炼用户洞察、转化用户满足方案。如果说前述的“4321”定义了什么是用户研究，那么这三个步骤则是在描述如何进行用户研究。

从这三个环节出发，就会形成三个认识用户研究的不同视角。虽然每一个视角都只是描述用户研究的一个方面，但把它们整合在一起来看，就能够对用户研究有一个相对完整和深入的理解。

二、用户研究内容

通常情况下，用户研究的维度包含用户群体特征研究（segmentation study）、用户需求研究（needs study）、用户行为与态度研究（usage and behavior attitude study）。

具体的研究内容是根据用户的年龄、性别、教育程度、收入水平、家庭情况、工作情况等社会学属性，结合用户的动机、生活方式、价值观、人生阶段等，对用户的性格特征进行刻画，并对其社会文化属性、社会环境等因素进行分析，对用户的行为习惯、认知态度、功能和情感需求等进行挖掘。相应地，用户研究的情景包括用户特定的使用场景图、特定场景下的用户场景行为、场景情感、用户满意度、场景决策模型、特定场景组成要素等。以上说的用户研究的范围是从常规上概括的，实际上在具体的业务中，每个项目的研究背景和目标不同，决定了用户研究的范围各有差异，落实到具体的研究范围时，还要看项目的收益目标，并基于该目标进一步拆解构成目标的相关范围要素。

（一）用户群体特征研究

用户群体特征是指一群用户在某些方面共有的属性、偏好、行为或特征。这些特征可以帮助我们了解用户的需求、行为模式、价值取向等，从而为产品设计、市场推广、用户体验优化等提供依据。常见用户群体特征分析方法有用户画像分析与麦肯锡市场细分八法。

1. 用户画像分析

一般来说，用户画像分析是针对用户信息的多维度展现（图 2-7），主要体现为用户信息的基础属性、社会关系、消费能力、兴趣爱好、行为特征和心理特征。基础属性包括性别、年龄、职业、城市、教育等基础信息。社会关系包括婚姻状态、生育状态、社交圈等。消费能力包括收入状态、信用状况、消费频率及方式、车房状态等。兴趣爱好包括文化、体育、科技、艺术等方面。行为特征包括线上行为模式、产品使用行为、生活习惯等。心理特征包括用户价值观、个性情感、认知等方面。此方法是基于大量的数据，建立用户的属性标签体系，同时利用这种属性标签体系描述用户。比如，通过用户画像分析刻画出用户为 25~35 岁、一二线城市、女性、都市白领、中产阶级、生活节奏快、爱网购“剁手”、勇于创新，这就是用户群体特征。图 2-8 为健康群体用户画像，图 2-9 为 City Walk 群体用户画像。

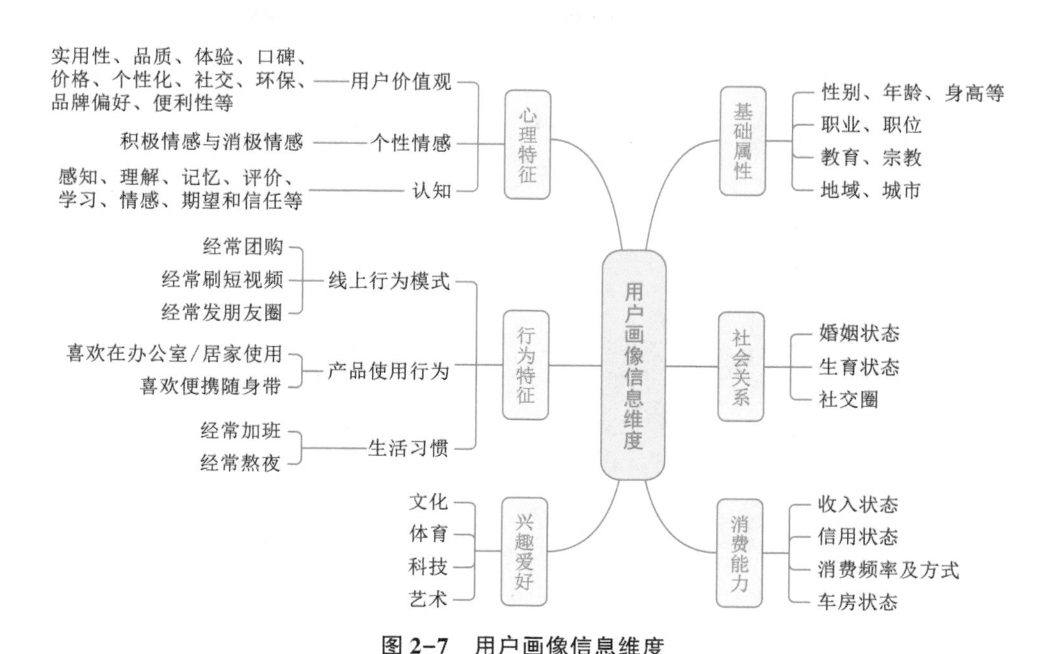

图 2-7　用户画像信息维度

图 2-8　健身群体用户画像

图 2-9　City Walk 群体用户画像

2. 麦肯锡市场细分八法

麦肯锡市场细分八法是一种系统性的分析方法，旨在深入理解用户和市场的需求、行为和特性，从而为产品设计和市场策略制订提供依据。该方法包括以下八个维度(图 2-10)。

(1)需求/动机/购买因素：这是分析用户和市场细分的第一步，需要深入了解用户的需求、动机和购买因素。这包括质量、服务、价格、功能、品牌和设计等方面，通过了解这些因素，我们可以知道用户对产品的期望和需求。例如，京东的细分用户对象是追求质量、服务的用户，淘宝、拼多多的细分用户对象是对价格更敏感、希望有更多选择的用户，官网、旗舰店的细分用户对象则是对品牌有更强信任感的用户。

(2)使用场合：不同的用户可能在不同的场合使用产品，因此，我们需要了解产品在不同场合的使用情况，以便为产品的设计和市场策略的确定提供依据。例如，对于一些用户来说，他们可能更倾向于在办公室或家中使用该款保温杯，而对于其他用户来说，他们可能更喜欢在户外或公共场所使用该款保温杯。

(3)使用行为：了解用户的使用行为，包括使用频率、使用量等，这有助于我们了解产品的用户体验和用户满意度。

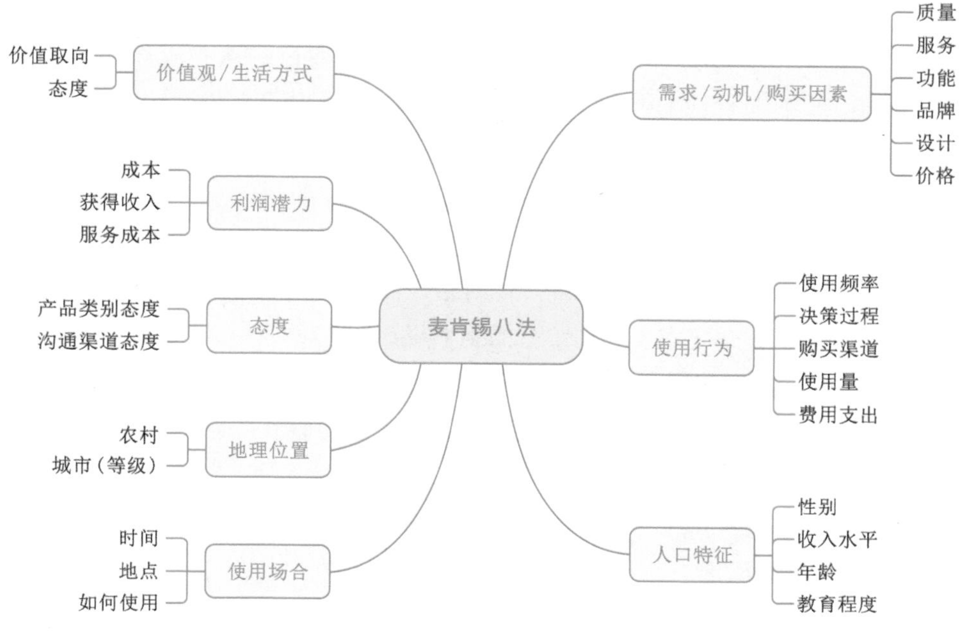

图 2-10　麦肯锡八法信息维度

（4）态度：用户对产品、品牌和市场的态度也是重要的分析因素，这可以帮助我们了解用户对产品的满意度和忠诚度。

（5）利润潜力：这是评估市场细分的一个重要指标，包括收入、获取成本和服务成本等方面，以了解市场的盈利能力。

（6）人口特征：人口特征包括年龄、性别、教育程度、收入水平等，这些因素会影响用户的需求和购买行为。

（7）地理位置：地理位置会影响市场的规模和潜力，也需要考虑在内。

（8）价值观/生活方式：用户的价值观和生活方式也会影响他们的购买行为和产品需求，这是市场细分的重要因素。

（二）用户需求研究

用户需求是指用户在使用产品或服务时所期望的功能、体验和满足感。它体现了用户对产品或服务的期望，是产品设计和开发的重要依据。通常通过市场调查、用户访谈、用户测试等方法来收集和分析用户需求信息，以便更好地了解用户的需求和偏好。

1. 需求特点

需求是隐形的，需要有价值的洞察：用户需求往往隐藏在表面的需求之下，需要我们有对价值的洞察力，去挖掘和理解。这要求我们深入了解用户，理解他们的行为、心理和期望，从而发现那些未被明确表达的需求。获取需求价值需要社会化协作：需求价值的获取不是单打独斗的结果，而是需要团队内部的社会化协作。产品经理、设计师、开发人员等不同角色需要共同参与，通过交流和合作，共同理解和把握需求的价值。需求是多方利益相关者诉求的综合结果：一个产品的需求不是由单一的用户提出的，而是多方利益相关者诉求的综合结果，这包括用户、销售、市场、技术等各个方面的需求，我们需要综合考虑，找到一个平衡点。需求是一组动态的待验证的假设：需求不是一成不变的，而是随着时间、环境、用户的变化而变化的，我们需要不断地对需求进行验证和调整，确保产品能够满足不断变化的用户需求。

2. 需求类型

深层需求与表面需求。深层需求是指用户内心深处的真实需求，往往与用户的内心欲望、价值观和生活方式密切相关，这些需求通常难以通过表面现象被察觉到。而表面需求则是指用户在购买和使用产品或服务时所表现出来的明显需求。例如，用户可能表面需求是一部手机，但深层需求则可能是追求时尚、展示自我或者提高生活品质等。

显性需求与隐性需求。显性需求是指用户明确表达出来的需求，通常比较具体和明确，例如购买某种产品或服务，这些需求通常是在市场调查、用户研究和产品测试中获得的。而隐性需求则是指用户没有明确表达出来的需求，需要通过观察、访谈和分析等方式挖掘。例如，用户可能没有明确表示需要更好的售后服务，但他们的行为和反馈显示出了这一点。

真需求与伪需求。真需求是指用户真正存在的需求，而伪需求则可能是用户随口提出的、并不是真正需要的需求。伪需求可能是由于外界因素的影响而产生的。例如，一些广告宣传可能会让用户产生一些不实际的需求，或者是一些政治、社会和文化等方面的压力可能会让用户产生一些不真实的需求。区分真需求和伪需求的重要性在于，我们应该关注和满足用户的真需求，而不是浪费资源和时间去满足那些伪需求。例如，用户可能提出需要一个更多功能的手机，但这可能只是一个伪需求，他们真正需要的可能是一个功能更稳定的手机。

3. 需求分析方法

（1）马斯洛需求层次。现在被广泛引用的需求理论是马斯洛的需求层次理论（图 2-11）。他认为，人的需求从最基本的生理需求开始，到安全需求、归属

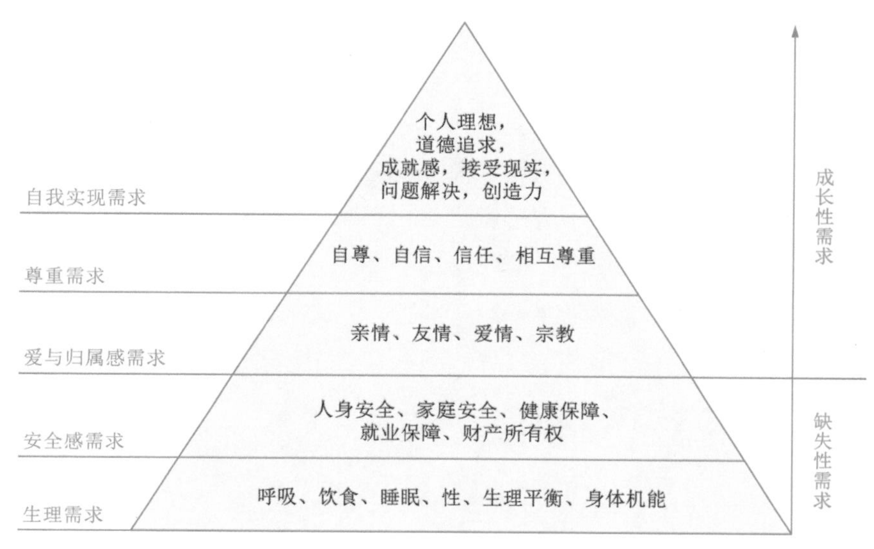

图 2-11　马斯洛需求理论

与爱的需求，递进到尊重需求，最终才是自我实现需求。低层次需求的满足是更高层次需求的根本，需求层次越低，力量却越强大。运用马斯洛需求层次理论，从生理、安全、社交、尊重、信息获取、审美、自我实现等层次出发，了解用户在不同层次的需求。这种方法可以帮助团队全面了解用户的需求，为产品的功能和性能设计提供参考。首先需要确定用户最基本的需求，这些通常是生理需求，如食物、水、睡眠等。在产品或服务的设计中，需要确保这些基本需求得到满足。在基本需求满足之后，用户会寻求安全感，包括身体安全、就业安全、健康和财产的安全等。产品设计应考虑如何减少用户的不安全感，如提供隐私保护、数据安全等措施。当安全和生理需求得到满足后，用户会追求归属感、友谊、家庭和社会联系。产品或服务可以设计社交功能，如社区论坛、社交分享等，以满足用户的社交需求。用户在满足了社交需求后，会寻求自尊和他人对自己的尊重。产品设计应考虑如何让用户感到被重视和认可，如通过用户成就系统、等级制度等方式。自我实现需求是马斯洛

需求层次中的最高层次，涉及个人潜能的实现和个人成长。在这一层次上，产品设计应鼓励用户自我表达、创新和个人发展。在分析用户需求时，要综合考虑用户在不同层次上的需求，并识别哪些需求是最为突出的。不同的用户群体可能在不同层次上有不同的需求强度。根据分析结果，对用户需求进行优先级排序。优先满足最基本的需求，然后逐步满足更高层次的需求。产品或服务推出后，需要收集用户反馈，了解产品是否满足用户的需求。根据反馈调整产品策略，不断迭代改进。

需求不但分层次，而且有分类。基于马斯洛需求层次理论，罗仕鉴、朱上上提出了五种用户需求，分别为感觉需求、交互需求、情感需求、社会需求和自我需求，这些需求层层递进(图 2–12)。

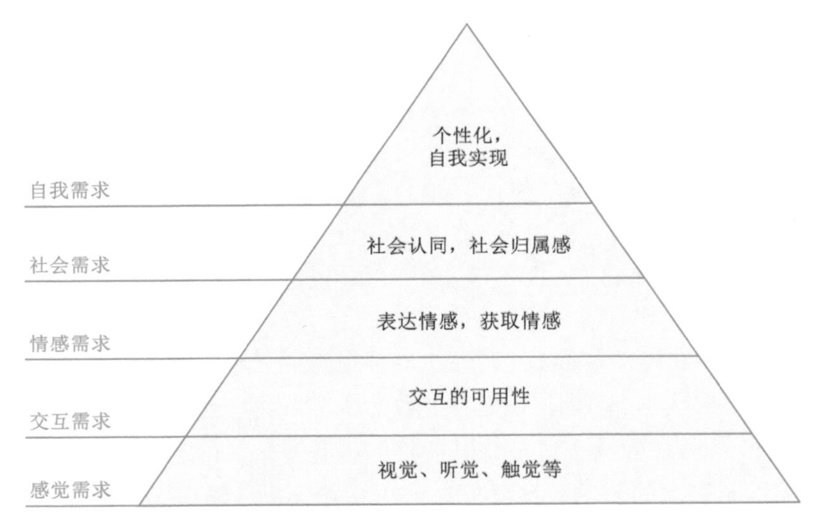

图 2–12　五种用户需求

在对需求这一概念有了基本的认识之后，我们就不难理解很多企业为什么会在运作过程中看不见用户的问题和需求。大多数企业很容易落入这样一个陷阱，即企业认为自己在为理想化的用户设计产品，理想化的用户就是企业站在自己视角和立场上刻画的用户。但事实上企业是为他人设计，就必须深入了解他人是谁及他人的需求是什么，而不是想当然地将自己的需求投射到他人中。企业要投入用户需求研究，就必须摆脱企业自己的立场，学会站在不同的用户角度换位思考。

（2）KANO 模型。KANO 模型是一种用于对产品或服务的特性进行分类的质量管理工具，它基于不同类型的需求与用户满意度之间的关系，将需求分为五个类别。这些类别帮助组织了解顾客的需求，并优化产品开发以满足这些需求。KANO 模型的五个类别具体如下。

①基本型需求（must-be quality，也称为必须满足的需求）：这些需求是顾客认为产品或服务必须具备的基本特性。当这些需求得到满足时，顾客的满意度不会显著提高，但如果这些需求得不到满足，顾客会非常不满意，如手机的基本通话功能。

②期望型需求（one-dimensional quality，也称为性能需求）：这些需求与顾客满意度成正比。当这些需求得到满足并且表现良好时，顾客的满意度会增加；反之，如果这些需求未能满足或表现不佳，顾客的满意度会下降，如手机的电池续航时间。

③兴奋型需求（attractive quality，也称为魅力需求）：这些需求是顾客未曾期望的，但如果提供这些特性，顾客会非常满意。即使这些需求没有得到满足，顾客的满意度也不会受到影响，如手机的高级摄像功能。

④无差异需求（indifferent quality，也称为无关紧要的需求）：这些需求无论是否存在，顾客的满意度都不会受到影响。顾客对这些需求不关心，它们既不会增加满意度，也不会减少满意度，如手机包装盒的颜色。

⑤反向型需求（reverse quality，也称为逆向需求）：这些需求是当其特性过度提供时，会导致顾客满意度下降的需求。顾客可能不喜欢或不希望这些特性的存在。例如，手机中过于复杂的功能可能会让一些用户感到困扰。

除了这五类需求，有时还会提到第六类“可疑属性”（questionable quality）：这些属性的数据通常是不一致的，可能是由于误解了调查问题或受访者给出了矛盾的回答。这类需求需要进一步研究和分析，以确定其是否属于其他五个类别中的任何一个。KANO 模型的测量维度通常涉及两个轴：一个是顾客满意度，另一个是产品特性的实现程度。通过问卷调查等方式，研究人员可以收集数据，并根据顾客对产品特性的反应将其分类到 KANO 模型的相应类别中。这有助于产品开发团队了解哪些特性是最重要的，哪些特性可以提升顾客满意度，以及哪些特性可能不再需要进一步的开发。

（三）用户行为与态度研究

1. 了解用户行为分析

用户行为分析是对用户在产品或触点上产生的行为及行为背后的数据进行分析，通过构建用户行为模型和用户画像，来改变产品决策，实现精细化运营，指导业务增长。在产品运营过程中，对用户行为的数据进行收集、存储、跟踪、分析与应用等，可以找到实现用户自增长的影响因素、群体特征与目标用户，从而深度还原用户使用场景、操作规律、访问路径及行为特点等。

2. 用户行为分析目的

用户行为分析可用于推动产品迭代、实现精准营销、提供定制服务、驱动产品决策。对产品而言，用户行为分析帮助验证产品的可行性，研究产品决策，清楚地了解用户的行为习惯，并找出产品的缺陷，以便进行迭代与优化。对设计而言，用户行为分析帮助增加产品体验的友好性，匹配用户情感，细腻地贴合用户的个性需求，并发现交互的不足，以便设计的完善与改进。对运营而言，其帮助实现裂变增长的有效性，实现精准营销，全面地挖掘用户的使用场景，并分析运营的问题，以便决策的转变与调整。确定好用户行为分析指标后，我们可以借助一些模型对用户行为数据进行定性和定量的分析。常用的分析模型有行为事件分析、用户留存分析、漏斗模型分析、行为路径分析和福格模型分析。

3. 用户行为分析方法

（1）行为事件分析。行为事件分析是一种追踪和记录用户在产品中的具体行为事件的方法，它能够帮助企业理解用户行为与业务目标之间的关系。这种分析方法通常涉及对用户行为的分类、归档，并评估这些行为对用户体验和业务目标的影响。例如，分析用户在网站上的点击行为，了解用户对不同页面元素的反应，以此来优化网站布局和提高用户满意度。

（2）用户留存分析。用户留存分析主要关注的是用户在产品中的持续使用情况，通过分析用户留存率来衡量产品的用户黏性和长期价值。这涉及对用户留存率的计算（如次日留存、七日留存等），以及留存用户与新用户的行为差异分析，从而找出提升用户留存率的方法。例如，通过分析留存用户的使用习惯，了解他们是如何互动的，以及他们可能对产品哪些方面不满意，进而进行改进。

（3）漏斗模型分析。漏斗模型分析是用来衡量用户在完成某一特定任务或转化过程中的流失情况。它将用户的行为路径抽象成一系列步骤，通过比较进入每个步骤的用户数量来分析转化过程中的瓶颈。漏斗模型有两种：一种是松散的漏斗，允许用户在步骤之间自由流动；另一种是严格的漏斗，要求用户必须按照特定顺序完成每个步骤。例如，在电子商务平台上，漏斗模型可以用来分析用户从浏览商品到添加购物车，再到最终完成购买的转化率。

（4）行为路径分析。行为路径分析旨在理解用户在使用产品过程中的具体行为序列，它通常涉及对用户行为的追踪和路径的构建。通过分析用户在不同路径上的行为模式，可以识别出转化率高的路径，以及用户可能流失的环节。例如，在社交媒体产品中，通过行为路径分析可以找出用户从注册到活跃的常用路径，进而优化这些路径上的用户体验。

（5）福格模型分析。福格模型分析是一种综合性的用户行为分析方法，它将用户行为分解为三个要素：动机、能力和触发器。通过分析这三个要素如何影响用户行为，企业可以更好地设计出能够激发用户行动的产品和营销策略。例如，在金融理财产品中，通过福格模型分析用户投资行为，了解用户投资决策的动机和能力，以及哪些因素会触发用户的投资行为，从而优化产品设计和提高用户参与度。

4. 用户态度分析

用户态度研究在市场调研中被广泛使用，它的核心目的是理解或评估用户对某个产品的态度。这种研究主要从定性的角度收集用户的想法、感觉、需求、态度和动机，以便更全面地了解用户对产品的真实看法。在技术接受模型（technology acceptance model，TAM）中，实际系统使用的唯一预测因素是行为意图。这意味着，要预测用户是否会实际使用某个产品，就需要了解用户对该产品的行为意图。因此，在产品设计和营销策略的制定过程中，了解用户的态度和行为意图是非常重要的。

然而，由于自觉意识的存在，用户在提供反馈时可能会受到主观偏见的影响，导致反馈结果不够真实。用户可能会在意其他人对自己的看法，不想被其他人看穿，因此会选择说谎或隐瞒部分真相。此外，由于羊群心态的存在，用户在提供反馈时也可能会受到其他人的影响，倾向于从众，展示共性并隐藏个性。为了更准确地了解用户态度，社会心理学家曾引入信仰、态度、意图和行为的因果链。他们认为，基于某些信仰，人们会形成对特定对象的态度，这是人们形成对该对象行为意图的基础。在这个过程中，结果变量的影响以使用意图，甚至以使用态度作为终点。换句话说，人们的行为意图和态度是受到他们的信仰和价值观影响的。在用户态度研究中，研究者会采用问卷调查、深度访谈、观察法等方法来获取用户的真实反馈。

5. 了解用户使用与态度研究

用户使用与态度研究（usage and attitude research，简称 U&A 研究）是一种针对某一种或某一类产品用户的深入研究，主要目的是了解用户对产品的使用习惯和态度。这种研究可以获取用户对产品与广告的认知、用户的使用和购买习惯、用户满意度、用户媒体习惯以及用户对市场推广活动的态度等一系列重要指标。使用习惯是指人们对于某类商品或某种品牌长期维持的一种购买需要，它是个人的一种稳定性采用行为，是人们在长期的生活中慢慢积累而形成的，反过来它又对人们的购买行为有着重要的影响。使用习惯的形成受到多种因素的影响，包括个人的经济状况、社会环境、个人喜好等。

U&A 研究是一种综合、实用、没有固定分析框架的研究，且通常是非常实际的研究。它可以通过问卷调查、深度访谈、观察法等方式获取用户的真实反馈，从而了解用户的使用和购买习惯，以及对产品和品牌的态度。此外，U&A 研究可以提供各品牌在市场上的竞争态势信息，帮助企业更好地了解市场环境。有了 U&A 研究提供的这些信息，企业可以更科学地解决营销管理中的各种问题。例如，企业可以通过 U&A 研究找到现有产品或新产品的市场机会，有效地细分市场，选择目标市场并确定产品定位。企业还可以根据 U&A 研究的结果，制订适合的营销组合策略，以及评估和优化市场营销活动。

通过 U&A 研究，我们可以得到下列用户研究策略信息。第一是产品渗透水平和渗透深度，这可以帮助企业了解产品在市场上的普及程度和市场份额，以及不同用户群体对产品的接受程度。第二是产品使用者和购买者的人口统计特征，这包括全部使用者和购买者的人口统计特征，以及重度使用者、目标市场和不同品牌最常使用者的人口统计特征，这些信息有助于企业了解产品的目标用户，从而进行更精准的市场定位和营销活动。第三是使用习惯和购买习惯，这涉及使用和购买的产品类型、包装规格、频率、时间、地点、场合、数量、购买金额及使用方法等方面。这些信息有助于企业了解用户的消费习惯和需求，进而优化产品设计和营销策略。第四是主要竞争品牌的市场表现，这包括品牌认知、广告认知、品牌渗透率、品牌最常使用率、品牌忠诚度、品牌吸引力和产品吸引力、品牌形象、品牌的优势和弱点等。这些信息有助于企业了解市场竞争态势，发现市场机会，制订有针对性的市场营销策略。第五是用户对产品和品牌的看法、态度和满意度，这可以帮助企业了解用户对产品的接受程度和满意度，从而找出产品的优势和不足，进行产品改进和营销策略优化。第六是用户对市场推广活动的态度和反应，这有助于企业了解用户对营销活动的认可程度，评估营销活动的效果，进而优化营销策略。

三、用户研究及相关概念辨析

用户研究领域涉及多个相关概念，这些概念的定义随着社会的演变而不断更新。为了明确区分这些概念并深入理解其内涵，我们从主流定义和主要目标的角度出发，通过表格（表 2-1）对用户研究、用户体验、用户服务及用户市场调研进行了定义对比分析。通过这种方式，我们可以更加清晰地理解这些概念之间的差异和联系。

表 2-1　用户研究相关概念辨析

概念	定义	主要目标
用户研究	用户研究指聚焦于需求者、产品业务属性及用户环境，通过研究需求者的感知、认知、决策和行动，发现需求的驱动因素和阻碍因素，并通过满足需求实现价值创造，最终使企业效益增长	用户研究的核心思想是以用户为中心，通过深入研究用户的需求、痛点、行为和态度等方面，发现当前产品存在的问题，明确未来产品的优化目标（不会产出产品优化方案）
用户体验	·《人机交互工效学第 210 部分：交互系统的以人为本设计》（ISO 9241-210：2019）：用户使用或预期使用一个产品、系统或服务时的感知和反应 ·用户体验专业协会（user experience professionals association，UPA）（2010）：用户与一个产品、一项服务或一个公司进行交互而形成完整感知的各个方面	首要任务就是满足用户的需求，倾向于从体验的范围和流程的角度优化用户体验；主要包含对新产品的目标用户需求寻找和对已有产品的体验优化（产出产品优化方案）

续表 2-1

概念	定义	主要目标
用户服务（服务设计）	服务设计是在以全局性的方式为企业提供用户需求洞察、为用户提供良好体验的过程中所涉及的相关内外部活动	最终目的和方向都是以用户为中心，倾向于通过整合系统资源的方式优化服务系统。服务设计不仅需要考虑用户前台的触点或界面设计，还需要考虑更多的中台和后台的设计；不仅涵盖用户体验，还包括为了实现所有设计的功能、组织变革、流程设计、系统实施等内部活动
用户市场调研	市场调研是市场调查与市场研究的统称，它是个人或组织根据特定的决策问题而系统地设计、搜集、记录、整理、分析及研究市场各类信息资料、报告调研结果的工作过程；是运用科学的方法，有目的、有计划地收集、整理、分析有关供求、资源的各种情报、信息和资料	市场调研是用户研究的一种方法，其用于采集用户的普遍观点与感知，理解用户与产品的交互行为

第三章

用户研究流程

在之前的章节中，我们已经对用户研究的基础概念及其理论框架进行了全面的阐述。为深化读者认知，接下来的内容将重点探讨用户研究的具体流程。值得注意的是，用户研究并非遵循一个固定的模式，而是根据产品发展的不同阶段，灵活地制订和调整研究方案。本章的目的在于阐述一个通用的用户研究流程，该流程具有广泛的适用性，能够为不同阶段的产品设计提供指导。首先，我们将从用户研究的前期准备工作开始，详细讲解如何进行科学有效的用户样本选择与分析，确保所收集的数据具有代表性和针对性。随后，我们将深入用户研究的执行阶段，包括如何进行数据收集、整理及如何以有说服力的方式呈现研究结果。通过该流程的剖析，设计师可以更系统地掌握用户研究的实际操作方法，从而提高产品设计的质量和用户满意度。

第一节　前期准备与撰写研究计划书

一、确定研究主题与方向

在充分了解设计项目背景的前提下，研究者需要先确定本次用户研究的主题、方向，这一步骤是整个用户研究过程的起点，也是决定研究成功与否的关键性因素。在确定研究主题、方向时应具体、明确，避免过于宽泛或模糊，以便于后续研究计划的制订和实施，还需要同步考虑时间、人力和资金等资源充足与否。

首先，在前期准备中要对现有情况进行分析，以确定研究的目标和范围。这将有助于提出问题，并为研究目标的设定提供基础。其次，识别关键利益相关者。关键利益相关者是指那些会受到研究结果影响的人群或组织。要关注关键利益相关者中用户的需求，从用户的角度出发，关注他们在使用产品或接受服务过程中遇到的问题、痛点和需求，并将研究结果直接应用于产品的优化和改进，这有助于提高用户满意度，并增加产品或服务的竞争力。最后，确立研究目标。确立研究目标是用户研究计划前期准备中最主要的工作。其中，SMART 原则和目标分解四步法是确立目标的常用方法。SMART 原则具体指设置的目标要具体(specific)、可衡量(measurable)、可实现(achievable)、相关(relevant)和时限(time-bound)。根据 SMART 原则设定目标，可以确保目标具有明确性、可操作性和可实现性。目标分解四步法包括收集问题并将其表现为目标形式、排列出目标的优先顺序、把目标重写成需要回答的问题，以及将一般性问题扩展为具体的问题。通过目标分解的过程，可以将复杂的目标拆分为更具体、可操作的子目标，从而更好地管理和实现目标。

二、明确研究目标

在研究者开始行动之前，可以先用一句话概括本次内容——“我要做 A 研究，以便可以做 B 研究”。在这样的句式情况下，通常 A 表示一个活动/任务，B 表示本次活动的目标。例如，在“我想要研究 Z 世代年轻人如何阅读电子书，以便我可以为他们设计一款读书 App”中，Z 世代年轻人是研究对象，了解他们如何阅读电子书是任务，设计一款针对 Z 世代年轻人的读书 App 是研究目标。

以目标分解四步法为例详细介绍如何明确研究目标。第一步，通过前期的关键利益相关者、用户需求等背景调查，汇总问题。以新闻资讯 App 设计为例，在研究用户需求时，发现了以下问题(表 3-1)。

表 3-1　某新闻资讯 App 用户体验目标与问题

用户	评价与问题反馈
甲	App 中的一些重要信息不够清晰，用户难以理解
乙	用户在使用 App 时感到操作复杂，难以找到所需的功能
丙	用户在使用 App 时感到缺乏个性化体验，不符合他们的需求

第二步，将问题排序。根据第一步发现的问题，进行问题排序（表 3-2），得出解决“用户在使用 App 时感到操作复杂，难以找到所需的功能”的问题是首要任务，因为这是一个基础性问题，如果解决不好，就会影响用户对整个 App 的评价。

表 3-2 问题排序

问题	重要程度（0~5）	严重程度（0~5）	优先级别
用户在使用 App 时感到操作复杂，难以找到所需的功能	5	4	20
App 中的一些重要信息不够清晰，用户难以理解	3	4	12
用户在使用 App 时感到缺乏个性化体验，不符合他们的需求	2	3	6

第三步，根据以上问题排序，将其转化为相对应的研究目标（表 3-3）。

表 3-3 研究目标转化

问题	研究目标
用户在使用 App 时感到操作复杂，难以找到所需的功能	优化 App 的操作流程，减轻用户的认知负荷
App 中的一些重要信息不够清晰，用户难以理解	提高信息的可读性和可理解性，降低用户的阅读难度
用户在使用 App 时感到缺乏个性化体验，不符合他们的需求	根据用户的需求和偏好，提供个性化的用户体验

第四步，将研究目标转化为用户访谈/问卷的具体问题（表 3-4），即将一般性问题转换为具体问题，并将其纳入拟写的研究计划之中。

表 3-4　具体问题转化

一般性问题	具体问题
为什么用户在使用 App 时感到操作复杂？	1. App 中是否有冗余或不必要的步骤？
	2. 用户在使用 App 时是否需要频繁切换屏幕或进行不必要的操作？
	3. 是否有明确的导航和菜单结构，以帮助用户快速找到所需的功能或内容？
	4. App 中是否有足够的提示和引导，帮助用户理解并完成操作？
	5. 是否可以考虑利用人工智能和机器学习技术，自动识别用户的操作习惯并提供个性化的操作体验？

三、制订研究计划

在进行任何产品或服务的开发过程中，制订一个详细的用户研究计划至关重要。用户研究计划是指在研究过程中规划和组织用户研究活动的文件，包括研究的目标、方法、参与者、时间表和预期的输出物等信息。

用户研究计划在产品或服务的开发过程中具有重要的意义。首先，用户研究计划有助于明确研究的目标与方向。其次，形成初步用户研究规划后，研究团队需与成员深入交流，评估计划可行性，并视情况做出相应调整。这一步骤有助于保证研究方法和流程的有效性，避免不必要的人力和物力资源消耗。最后，研究计划的文档化还有助于跟踪研究的进展和结果，便于后续的数据分析和报告撰写。

研究计划是对整个研究方案的初步规划和设计，其中包括明确研究问题、研究方法、调研工具、调研时间和地点等内容。需求不同则研究计划也不同，可采用定性研究与定量研究中的一种方式或是二者结合的方式来进行研究。研究计划的撰写应当涵盖以下五个核心部分，每一部分都是对研究全面而深入的解读。

（1）明确产品/服务中的问题。发现问题是研究的起点，也决定研究的目标和方向。这些问题应当具体、明确，同时具有可操作性，能够引导研究的进行。

（2）清晰表达研究背景与意义。这部分是对研究问题的深入解读，有助于读者理解研究的动机和目标，提升研究的说服力。

（3）选取合适的研究方法。研究方法的选择应当根据研究问题的特性来决定，以保证研究的有效性和准确性。这部分内容在本书第四章有详细介绍。

（4）罗列所需资源与支持。列出所需的资源，包括人力、资金和设备等。这些资源是研究进行的基础，对研究的成功与否有着直接的影响。如果某些资源尚未得到保证，还需要说明和申请，确保资源到位。

（5）敲定研究细节。需要明确研究活动的具体时间、地点和执行人员。这部分是对研究过程的详细规划，包括研究的阶段划分、各阶段的工作内容、参与人员的工作职责等。这部分内容应当清晰、具体，便于执行和监督。

四、撰写研究计划书

完成前期准备工作后可开展研究计划撰写工作，一份详细的研究计划通常包括以下内容。

（1）研究背景和目的：阐述开展用户研究的背景、意义和目标，明确研究的核心问题和目标。

（2）研究对象和范围：明确用户研究的目标群体、受众特征和研究方向，确保研究具有针对性和实际意义。

（3）研究内容和任务：根据研究目标，详细描述研究过程中需要开展的工作和任务，如需求分析、访谈、数据分析等。

（4）研究方法和手段：根据研究内容和任务，选择合适的研究方法，如定性研究、定量研究、实验设计等，并介绍所采用的具体方法和手段。

（5）研究进度安排：制订详细的研究时间表，明确各阶段的工作内容、时间节点和预期成果。

（6）成果形式和呈现：描述研究结束后，如何呈现研究成果，如报告、论文、可视化数据等。

（7）课题组成员及其分工：介绍课题组成员的职责和分工，确保过程高效。

（8）经费预算：起草研究经费预算，涵盖人力成本、材料费、差旅费等。

（9）风险评估与应对措施：分析研究过程中可能遇到的风险和挑战，提前制订应对措施，确保研究的顺利进行。

（10）数据采集、存储和处理：详细描述数据采集、存储和处理的方案，确保数据的安全性和可靠性。

（11）伦理与隐私保护：阐述研究过程中如何确保参与者信息的保密性，遵守相关伦理规范，保障用户的权益。

(12)合作与沟通：介绍研究过程中如何与其他团队、专家和参与者保持良好的沟通与合作，确保研究的有效性。

研究计划的最终版本应当被视为一份详尽的研究日志，以便在未来的研究探索中将其作为执行依据和重要参考资料。研究计划并不是一成不变的，而要根据实际情况及时调整，如对脚本和场景描述的文辞进行修订或改进。最终的研究计划框架如表 3-5 所示。本小节以“Z 世代群体对数字虚拟宠物的需求研究”为主题，举例说明研究计划书的简要内容。

表 3-5　最终的研究计划框架

基础工作	交付成果
研究背景、对象和范围	初步问题发现
团队和产品基础	技术故障或错误列表(对于开发人员)
研究目的、方法和目标	报告、幻灯片或最终交互原型
用户个人资料和匿名参与者个人资料	记录和其他原始数据
筛选问卷和招募计划	最终研究计划

五、研究案例

Z 世代群体对数字虚拟宠物的需求研究计划

1. 团队和产品基础

(1)团队成员：用户研究人员、产品经理、设计师、工程师。

(2)参考产品：现有虚拟宠物应用及游戏，如宝可梦 GO、旅行青蛙等。

2. 研究目的、方法和目标

(1)目的：了解 Z 世代群体对虚拟宠物的需求，以指导产品设计和开发。

(2)方法。

定性研究：以深度访谈和焦点小组讨论的形式，与目标用户进行面对面交流，了解他们对数字虚拟宠物的看法、使用习惯和期望。

定量研究：通过在线问卷调查，获取更大样本量的数据，以量化分析用户需求和偏好。

（3）目标。

了解Z世代人群对数字虚拟宠物的认知和态度。

了解Z世代人群对数字虚拟宠物功能、外观和交互的偏好。

了解Z世代人群对数字虚拟宠物的需求和痛点。

了解Z世代人群对数字虚拟宠物的使用场景和习惯。

了解Z世代人群对现有数字虚拟宠物产品的满意度和改进意见。

3. 目标用户个人特征/信息

（1）年龄：15~28岁。

（2）性别：男女不限。

（3）地域：不限。

（4）学历：高中及以上。

（5）收入：不限。

（6）职业：不限。

（7）数字虚拟宠物应用的使用经验：新手、有经验、专业。

（8）兴趣爱好：动物、游戏、科技、社交媒体等。

4. 筛选问卷和招募计划

（1）筛选标准：年龄。

（2）招募计划：通过社交媒体、学校、社区等渠道发布招募信息；提供参与研究的奖励，如游戏礼品卡或产品优惠券。

5. 清单、时间表、脚本、文档和表单

（1）清单：研究计划（列出所有参与研究的用户和相关资源）、研究工具（如问卷、访谈提纲等）、数据收集工具（如录音笔、摄像机等）、数据分析工具（如统计软件等）。

（2）时间表：第一阶段是研究计划的制订和工具准备预期（所需时间1周），第二阶段是数据收集（所需时间2周），第三阶段是数据分析和报告撰写（所需时间2周）。

（3）脚本：访谈脚本、焦点小组讨论脚本。

（4）文档和表单：同意书、调查问卷、访谈记录表、焦点小组讨论记录表。

6. 可能有助于了解地点和行程的内容

（1）研究地点：学校、社区中心、咖啡馆/奶茶店、图书馆/书店、网红打卡店/游戏厅。

(2)行程：研究人员可能需要前往不同的地点进行数据收集。

7. 测试原型、照片、截图或研究中的其他重要工具

(1)测试原型：数字虚拟宠物应用/游戏原型、照片和截图、数字虚拟宠物照片和截图。

(2)其他重要工具：录音笔、摄像机、文档编辑、数据统计软件。

8. 交付物列表

(1)初步结果列表。

(2)错误列表(对于开发人员)。

(3)报告、幻灯片或最终原型。

(4)记录和其他原始数据。

9. 原始数据、记录和报告

(1)原始数据：调查问卷数据、访谈录音、焦点小组讨论录音。

(2)记录：研究计划、研究工具、数据收集工具、数据分析工具。

(3)最终研究报告。

第二节　用户样本选取与分析

一、选取用户样本

在选择用户样本时，我们需要充分考虑多种因素，包括年龄、性别、地理位置等市场细分的特征，也可能需要考虑行为标准，如经验水平、对产品的态度、使用产品的频率或可能性等。这些因素可以帮助我们更准确地定位用户群体，从而提高研究的有效性。如果潜在的用户群体范围较大，那么样本的差异性就显得尤为重要。差异性可以保证我们获取有价值的研究数据，以及多角度的观点和不同的行为模式。这有助于我们更全面地理解用户需求，为产品设计和改进提供有力支持。然而，人们往往会受到潜意识偏见的困扰，更倾向于选择熟悉的样本，这可能导致样本的局限性，从而影响研究结果的准确性。因此，在设计研究时，我们需要警惕潜意识中的偏见，并根据研究范围随机抽样，以确保研究结果的客观性和有效性。

二、确定研究方法

用户研究方法主要分为定性方法与定量方法两大类。定性方法和定量方法都是社会科学研究中常使用的方法。定性方法侧重于收集与分析研究对象主观经验和感受，通常以访谈、观察、文献分析等手段收集数据，然后对数据进行分析和解释，以揭示研究对象的本质和特征。定性方法注重对研究对象的主观性、情境性、历史性和文化性等方面的探究，旨在深入理解研究对象的本质和特征，以及他们在不同情境和文化背景下的表现和影响。定量方法则注重客观性、普遍性和规律性，常以问卷调查、实验、统计等手段收集数据，再用数学和统计学方法进行处理分析，关注行为和态度的量化特征，以数值形式表达研究结果，揭示相关性和规律。其常见方法包括问卷调查、实验研究、数据挖掘等，强调客观事实和数值分析，可帮助预测用户行为和需求趋势。

在实际研究中，定性方法和定量方法并不是完全分离的，而是相互补充和结合使用的。定性方法可以提供对研究问题的深入理解和情境性背景，有助于确定研究问题和假设，还可以为定量研究设计提供依据。定量方法为研究结果提供客观的数据支持和统计分析，有助于验证和解释定性研究的结果和发现。因此，在实际用户研究中，常常结合使用定性方法和定量方法，以获得更全面、深入的研究结果。为更好地对比定量研究与定性研究的区别与联系，下面以表格形式对比分析，以帮助读者理解与运用(表3-6)。

表3-6　定量研究与定性研究的区别与联系

项目	定量研究	定性研究
研究目的	证实普遍情况，预测寻求共识	解释性理解，寻求复杂性，提出新问题
研究内容	事实、原因、影响、凝固的事物、变量	故事、事件、过程、意义、整体探究
研究层面	宏观	微观
研究问题	事先确定	在过程中产生
研究设计	结构性的、事先确定的、比较具体	灵活的、演变的、比较宽泛
研究手段	数字、计算、统计分析	语言、图像、描述分析
研究工具	量表、统计软件、问卷、计算机	日志本、便笺纸、录音录像设备

续表 3-6

项目	定量研究	定性研究
抽样方法	随机抽样，样本较大（一般不少于200人）	目的性抽样，样本较小（一般30人以内）
研究的情境	控制性、暂时性、抽象	自然性、整体性、具体
资料收集方法	封闭式问卷、统计表、实验、结构性观察	开放式访谈、参与观察、实物分析
资料的特点	量化的资料，可操作性的变量，统计数据	描述性资料，实地笔记，当事人引言等
分析框架	事先设定，加以验证	逐步形成
分析方式	演绎法，量化分析，收集资料之后	归纳法，寻找概念和主题，贯穿全过程

三、分解任务与规划时间

通常情况下，项目负责人会将项目按照时间顺序进行分解，包括项目启动（确定研究目标与任务）、节点性任务（定性/定量研究）、报告输出等。本书建议采用工作分解结构（work breakdown structure，WBS），如表 3-7 所示。此工具是以可交付成果为导向对项目要素进行分组，归纳和定义项目的整个工作范围，每下降一层代表对项目工作的更详细定义。WBS 总是处于计划过程的中心，也是制订进度计划、资源需求、风险管理计划等的重要基础。WBS 同时也是控制项目变更的重要基础。

表 3-7　工作分解结构

工作分解结构（work breakdown structure，WBS）									
项目名称					时间				
项目管理				负责人			审核人		
任务	一级任务分解	二级任务分解	三级任务分解（最小任务单元）	具体产出/评估标准	预估费用	开始日期	结束日期	参与人 1	参与人 2

根据项目体量、目标要求及成员特点规划各任务完成时间段。通过时间计划图表可以很好地规划并把控项目阶段性进展，其形式多样，本书推荐采用甘特图，具体时间计划表如表 3-8 所示。通过建立时间计划图表，项目制定者及其他所有成员可以清晰地了解项目的时间节点和任务分配情况，明确项目整体流程、当前所处阶段、未来规划等信息。在研究过程中，对于时间计划表可以根据突发状况做出及时调整和优化，以确保项目能够按时保质保量完成。

表 3-8　时间计划表

任务安排		2023 年 11 月															
		1日	2日	3日	6日	7日	8日	9日	10日	13日	14日	15日	16日	17日	20日	21日	22日
环节	具体任务																
项目启动	需求目标与任务																
可用性测试	测试要点沟通																
	撰写测试提纲																
	用户招募																
	执行测试																
	撰写测试报告																
问卷调查	问卷准备																
	问卷投放																
	问卷分析																
	撰写问卷报告																
最终报告输出	报告撰写																
	报告评审																
	报告输出																

注：表中时间排除星期六与星期日。

四、用户招募

用户招募也非易事，例如，应能确定什么类型的测试者最能代表用户角色，或如何确保测试者能顺利完成任务等。

（一）制订招募标准

在明确研究目的后，就需要考虑所使用的研究方法。若进行可用性测试或者访谈，就会面临两个问题：招募什么样的用户、如何找到这些合适的用户。如果是初创型公司，其产品或服务较新，缺少招募标准，此时应和团队人员一起明确目标用户群体，然后招募少量用户进行确认假设。若招募来的用户对产品或服务不感兴趣，就要换一批用户进行测试。如果是比较成熟的公司，就会对目标用户群体有一定的了解，可根据以往做过的用户细分，尽量覆盖不同用户群体。此时可以根据研究目的来制订一系列用户招募的标准，比如可以设定用户样本选取的基本条件（人口统计学）、必要条件（行为）、分类条件（不同用户群体）等。

在制订招募标准时尤其需要注意两点。第一，不是所有的研究都必须覆盖不同用户群体，必须找目标用户。比如，若有产品创新，这时招募有特殊需求用户甚至招募不用该产品的用户，也许会有意想不到的收获。第二，尽量不要选择半年内参加过同类调研的用户，以及用户体验行业从业人员（特别是和产品相关的人员，如设计师、产品经理等）。因为参加过同类调研的用户可能会受到之前观念的影响，会使本次调研的结果产生一定的偏差。

（二）招募途径

1. 随机招募

这是最简单的招募用户的方法，可以找任何人参与用户调研。采用这个方法时应将测试过程控制在 15 分钟之内，且完成调研后给予测试者礼物。

2. 现有用户招募

如果对现有产品或在现有产品组合的基础上开发的新产品进行可用性测试，现有用户群是较便捷的用户源之一。如不能假设现有用户的使用情况，就必须邀请他们来测试。可以通过以下任何一种（或全部）方法来做到这一点：发电子邮件邀请测试；在网站上发布广告；在社交媒体群中发邀请函；要求销售人员访问特定的客户等。但是在很多情况下，现有用户不会投入大量时间做测试（即使有物质激励）。因此，对于更复杂的研究，可能需要尝试其他的招募方法。

3. 在线招募

在线上平台发布专门的招募广告，但需要写明研究目的，突出招募要求（包括招募哪类群体、要参加的项目及需要做什么）。根据测试的时长、是否需要到场等，给每个测试者一定的报酬。

4. 小型代理机构招募

小型代理机构的数据库中包含成千上万(甚至更多)的用户信息，这些用户愿意参加未经审核的可用性测试。小型代理机构有大量不同人群的信息，可以帮你精确地找到你的目标人群。这些机构的代理费用也不高，但并不是每一个被邀请者都会给出答案，而且如果你的目标人群比较特别，找到足够数量的测试者就比较难。

5. 市场调查招聘公司招募

招募参与者的最好但也是最贵的方式是通过市场调查招聘公司招募用户。可以在线上找到这类公司，它们可以帮你起草一份很好的招募材料，并招到合适的测试者，但成本较高。

第三节　结果收集、整理与呈现

一、研究结果的收集与分析

研究团队招募到所需用户后，就需开展用户调研与数据收集，这部分内容详见第四章。对于调研信息、资料应根据调研目的、任务和要求，进行科学加工，使之系统化、条理化，从而得出有意义的结论，通常会采用各种图表形式来进行直观呈现。

通过对桌面调研资料和用户调研结果的整理与分析，一方面可以找出调查过程中存在的问题，并有针对性地加以解决；另一方面，在分析与讨论过程中，我们可能会有意外发现，通过设计洞察找到更多的设计机会点。因此，对用户研究结果的收集整理与分析在整个用户研究中是非常重要的。

一般来说，不管是文字与数据可视图表的呈现，还是数据的对比分析，都能给研究者带来设计启发。整个数据收集、整理与呈现过程的详细方法将在第四章至第六章详细介绍。

二、研究报告/论文的撰写

用户研究报告的主要内容包括标题和摘要、研究背景、研究方法、研究发现、研究讨论、结论和建议、局限性和展望、参考文献等，可根据具体研究内容适当调整，无须全部展示出来。

(1)标题和摘要：提供一个清晰的标题，总结研究的主要焦点，并撰写一个摘要，概述研究方法、发现和结论。

(2)研究背景：介绍研究的背景、提出需要解决的问题、研究的主要目的及其重要性、现有研究现状、本项目研究思路与框架。

(3)研究方法：详细描述用户研究的设计，包括样本选择、数据收集和分析方法，确保描述足够详细，以便其他研究人员能够实践你的研究。

(4)研究发现：以主题或类别的方式，使用案例与丰富结果进行结果呈现；对于定量研究，可以使用图表和统计描述进行结果展示。

(5)研究讨论：解释发现的意义，包括它们的实际影响和理论内涵，这一部分应将研究结果与现有的理论或实践联系起来。

(6)结论和建议：总结研究发现，并提供针对用户习惯的产品或服务的具体建议，这些建议应基于研究结果，并能够解决研究问题或满足用户需求。

(7)局限性和展望：在报告的最后讨论研究的局限性和未来研究的可能性，这有助于读者了解研究结果的适用范围和限制条件。

(8)参考文献：列出研究中引用的所有资料，确保参考文献的格式一致，并遵循所选参考文献风格的指南。

三、研究案例

【案例一：用户招募】
年轻人喜欢的色彩调研

浙江苏泊尔股份有限公司(以下简称苏泊尔公司)与中南大学产品设计系展开了一项校企合作，旨在研究年轻人喜欢的色彩。为了获取更多的用户意见和更高的参与度，研究小组决定采用线下送小礼品、发放问卷的方式进行用户招募。通过在校园内设置展示点，向学生发放小礼品并邀请他们参与问卷调查，研究小组希望能够吸引更多的年轻人积极参与，并获得更真实和有意义的反馈。在问卷调查中，研究小组重点关注年轻人对色彩的偏好和使用场景。研究小组设计了相关问题，了解年轻人在家居装饰、个人配饰、电子产品等方面对色彩的偏好，并探究他们对不同色彩的情感和联想；此外，研究小组还想了解年轻人对不同产品线的色彩搭配的接受程度和偏好。

1. 基本信息

时间：2023 年 10 月 19—21 日。

地点：中南大学南校区二食堂旁。

人员：研究小组成员。

对象：过路学生，目测年龄在 18~30 岁。

2. 注意事项

（1）控制问卷的长度，保证每题有效填写。

（2）注意问卷的措辞，使填写人员易于理解。

（3）制作易拉宝以简要介绍活动（图 3-1）。

（4）通过抽奖送礼品的形式吸引人群。

图 3-1　研究小组活动开展图

3. 调研目的

(1)判断预测年轻人对流行色的喜好情况。

(2)根据数据调整焦点小组的问题设置。

(3)筛选焦点小组的参与人员。

（来源：苏泊尔公司与中南大学产品设计系校企合作项目）

【案例二：用户研究简报】智能家居情景模式下的城市空巢老人的健康需求研究

本研究依托一二线城市空巢老人养老需求，聚焦“医养智慧化、服务标准化、产业创新化”三大问题，挖掘智能家居情景模式下的城市空巢老人个性化健康需求。通过用户调研与分析整理出城市空巢老人在智能家居情景模式下原始健康需求的特点和生活习惯规律，通过对目标用户进行问卷调研、访谈、情景观察等建立KANO模型，对用户需求进行分类和优先排序，输出定性和定量的调研报告。从智能家居的角度出发，分析用户调研结果得出：情感关怀和健康管理是城市空巢老人健康服务的重要需求。进行分属性、分维度的KANO模型建立，依据满意度系数决定优先顺序，从而直观体现目标用户对各功能的需求度。总结城市空巢老人健康需求的功能特点和相关规律，从而为老年智能家居系统设计提供一定设计依据和建议。

1. 确定研究主题与研究目的

随着社会的发展，智能家居作为一种新兴的养老模式，具有巨大的发展潜力。本研究旨在探讨智能家居情景模式下的城市空巢老人的健康需求，以期为智能家居系统的设计提供依据和建议。

研究目的主要包括：

(1)深入了解城市空巢老人在智能家居情景模式下的健康需求特点；

(2)分析城市空巢老人对智能家居产品和服务在健康管理、健康教育、健康监测等方面的态度和接受度；

(3)为智能家居系统设计提供依据和建议，提高城市空巢老人的生活质量。

2. 制订研究计划

研究计划主要包括以下几个方面：

(1)确定研究方法，将定性与定量研究方法相结合，综合采用问卷法、访谈法等多种研究方法；

（2）设计调研工具，根据研究目的，设计适用于城市空巢老人的问卷、访谈提纲等；

（3）确定调研时间和地点，选择具有代表性的城市空巢老人社区、医院等作为调研地点，确保样本的广泛性和代表性。

3. 获得研究或测试的样本

本研究的目标用户是60~79岁的城市空巢老人，分为低龄（60~69岁）用户和中龄（70~79岁）用户。调研样本通过社区、医院等渠道招募，确保样本的广泛性和代表性。

4. 研究方法的确定

本研究采用KANO模型、观察法、问卷法、访谈法等多种研究方法，以全面、深入地了解城市空巢老人的健康需求。

（1）KANO模型：分析用户需求，将需求分为基本需求、期望需求和兴奋需求。

（2）观察法：通过观察城市空巢老人的日常生活，了解他们在智能家居情景模式下的健康需求。

（3）问卷法：通过设计针对性的问卷，收集城市空巢老人对智能家居产品和服务在健康管理、健康教育、健康监测等方面的态度和接受度。

（4）访谈法：通过与城市空巢老人的深入交流，了解他们关于智能家居情景模式下的健康需求的真实想法。

5. 研究过程的实施与监控

研究过程中，研究团队首先进行了线上定性问卷调研和线下访谈，然后根据问卷信息反馈，绘制了人物角色模型。然后，研究团队基于KANO模型完成了定量问卷的设计和调查，并对调查结果进行了分析和总结。

6. 研究结果的收集与分析

定性研究中，选择岳麓区中南大学周边部分社区中老年群体及医护人员进行观察与简单的访谈，并对用户进行影子跟踪法访谈，记录其居家使用的物理触点及数字触点，研究团队提取部分口语化需求和隐性需求，得出老人的关键需求为上门看诊、定期回访、上门诊治、专业咨询、测量指导（说明书看不懂）、合理用药指导、健康监测、健康养生知识推送及多渠道通知方式。

定性研究结果显示，老人对服务产品的消费需求在不断提高。目前市场上针对老年群体的智能产品极为匮乏，且由于老年群体心理、生理特征和青年群体不同，在使用现有智能产品时，大多数老年用户对产品的操作方式感到困惑。此外，在消费心理上，老年群体具有显著的求实心理与习惯性心理，他们会倾向于舒适度高、实用性强而设计“老套”的产品。

定量研究中，KANO 问卷包括受访者的基本信息（如年龄、性别）及 KANO 问卷需求项内容。其中，需求项内容具体包括对 App 的设计通用需求和对慢性病护理的需求。KANO 问卷通过询问用户对产品是否具有某个功能属性的态度来对功能属性进行分类。在设计问卷时，需要区分正反问题，避免使受访者产生困扰。考虑到老人在使用智能手机时的心智模型与中青年略有不同，因此针对每个功能属性都提供了相应的说明描述，帮助受访者了解该属性的意义。在问卷调查过程中，回收有效问卷 102 份，并对得到的调查样本进行基本信息的结果统计。

定量研究结果显示，老年智能家居系统设计需求定位为保障基本需求、提高期望需求、追求兴奋需求。根据 KANO 模型分析方法，我们将用户需求细分为基本、期望和兴奋需求，并识别出在设计过程中重要且急需满足的用户需求。

（来源：中南大学　陈博领）

第四章
用户研究方法

用户研究的方法多样，我们可以依据行为和态度将其分为两类。在行为部分，我们研究用户做了什么，在态度部分，我们研究用户说了什么及他们是如何说的。定量研究回答了用户说了什么及有多少用户这样说的问题，而定性研究回答了为什么用户会这样说及如何满足用户所提需求的问题。除了以上提到的这两类方法，还有许多其他用户研究方法可以应用。通过综合运用这些方法，我们能够更全面地了解用户的需求和行为，从而提供更好的产品和服务。

第一节　资料分析

用户背景资料收集是为整个用户研究项目的展开提供知识性基础，使研究者在开始研究之前对研究对象有全面而客观的初步认识，在背景资料中寻找研究的契机和中心，提炼出后续研究的切入点和关键点，既可为后期研究成果提供论据支持，又可弥补调查研究中可能出现的欠缺或不足。

在背景资料收集过程中，先确定主题，对要研究的主题有一个初步的了解，确定调查的目的、方法与程序，勾勒路径；之后展开资料收集工作，确定收集资料的信息来源。资料收集工作流程如下：首先，要按照顺序标准将收集到的信息进行分类，抽取发现、意义及相关事物；其次，进行资料的重新初步分类，按照相应的主题，对收集的资料进行相应的归类；再次，进行资料的细分与信息点的提取，根据资料内容所反映出的特点，提取关键词并进行简单的描述，标注关键词来源；最后，撰写背景资料报告。

由于互联网的发展，人们获取信息更加容易和快捷，背景资料收集的渠道多样，不局限于书籍、论文等文献资料。研究者可通过搜索引擎和电子数据库获得很多资料，包括企业网站、综合类网站、公众号等，同时也要注意甄别网络信息的真假，以保证真实性和可靠性。面对互联网上浩瀚的信息，如何去芜存菁，进行有效利用，则是网络资料收集中面临的最大问题。下面将介绍四种背景资料分析方法，以提升背景资料收集与整理的效率。

（1）内容分析法：指的是对各种信息传播形式的明显内容进行客观的、系统的和定量的描述。

（2）卡片分类法：是指让用户将信息结构的代表性元素的卡片分类，从而找到用户期望的研究方法，是一种以用户为中心的方法，可以观察出用户如何理解和组织信息。通过卡片分类法可以了解用户对信息的分类习惯，找出设计者与用户认知上的差距，了解用户所想，然后更好地完成页面导航、内容组织等网站的信息架构。

（3）定性资料法：定性资料指的是那些以文字、段落、文章或其他记录符号来描述或表达人们的行为、态度及各种社会生活实践的资料，是研究者从实地研究中获得的各种以文字符号表示的观察、记录、访谈笔记及其他类似的记录资料。

（4）链接分析法：是网络信息计量学中的一个重要方法，可以看成是文献计量学中引文分析法在网络环境中的应用。超文本可以通过链接将节点连接起来，一般使用索引链或结构链接，它可以表示信息之间的关系，也是构成网络的手段。链接分析法在将网络相关信息资源内容连接起来，形成新的信息列或信息集合的基础上，融合参考文献链接功能，并通过引文关系来分析链接网络信息资源。

第二节　用户访谈

用户访谈是一种研究方法，指研究人员通过面对面沟通、电话、网络视频、问卷等方式与用户进行直接或间接的深入、专注、有质量的交流。其目的是探索用户的内心与想法，以便更好地了解用户需求、发现现有问题并确定优化方向。用户访谈方法通常在用户较少的情况下应用，并常与问卷调查、可用性测试、A/B 测试、眼动测试、产品体验会等方法结合使用。

一、用户访谈的基本类型

从内容上来划分，用户访谈可以分为非结构式访谈、半结构式访谈及全结构式访谈三种。非结构式访谈是非正式的、随意的，没有特定的问题也没有既定的答案，只需要让用户充分表达自己的观点即可。全结构式访谈则是有事先确定的访谈目的，必须按照顺序和既定题目来完成。这似乎与问卷调查十分相似，其实不然，全结构式访谈的问题比问卷调查更加深入。问卷调查中，用户通常只需要给出是、否等较为简单的回答，而全结构式访谈中，在问题顺序固定不变的情况下，用户可以自由地进行表述，并给出更加开放和深入的回答。半结构式访谈则是介于非结构式和全结构式中间的一种访谈形式，也是我们在实际的工作过程中运用得最多的一种形式。半结构式访谈虽然有事先确定的目的，但是访谈中，研究人员可以根据访谈的进展随时调整问题的顺序，或者新增访谈的问题等，是一种相对比较灵活的访谈形式。

按照访谈的途径，用户访谈又可以分为线上和线下两种。线下访谈包括面对面的深度访谈、街头拦访等。线上访谈则包括电话访谈、网上访谈等。用户的电话号码可以通过问卷的方式收集，或通过用户的订单信息进行收集。例如，对于外地用户，线下访谈不方便，可以电话访谈的方式进行。但是如果访谈较为复杂的经历和过程，电话访谈还是比面对面的线下访谈要逊色不少。并且当需要用户面对面完成体验或展示类的相关问题时，电话访谈无法做到。

用户访谈适用场景：

（1）复杂的话题性场景，例如对经历和过程进行仔细研究时，需要采集用户的观点及情感等。

（2）对于复杂行为的剖析，例如用户是如何理解 App 详情页各个模块之间关系的。

（3）对于敏感或者私密性的话题，使用一对一的访谈法可以提升受访者参与积极性。

（4）辅助定量研究，例如通过问卷调研和数据分析可以获得大量的用户行为数据，但无法深入了解用户做出某种行为的具体原因和场景；可以通过数据分析得知某个页面的跳出率增加，却无法了解用户这样做的实际原因和场景，这时，用户访谈这样的定性研究，就可以起到一定的补充作用。

二、用户访谈架构

（一）研究内容

目标用户群体：确定访谈的目标用户群体特征，如年龄、性别、职业等。

访谈主题：明确访谈的主题，如产品使用体验、需求调查等。

访谈问题：制订访谈问题清单，包括开放式问题、封闭式问题和具体情境问题。

（二）研究人员

访谈主持人：负责组织访谈、引导话题和记录用户反馈。

记录员：协助主持人进行访谈，负责记录用户回答和观察用户行为。

（三）研究方法

访谈形式：确定访谈形式，如面对面访谈、电话访谈或在线访谈。

访谈技巧：使用开放式问题、倾听和积极回应等访谈技巧。

数据收集：记录用户回答、行为和表情等数据。

（四）时间排期

访谈时间：安排访谈时间，确保用户方便参与。

数据整理与分析：在访谈结束后，安排时间进行数据整理和分析。

（五）用户招募

招募渠道：确定用户招募渠道，如社交媒体、在线调查平台等。

受访者筛选：根据目标用户群体特征筛选合适的受访者。

酬金与激励：为受访者提供适当的酬金或其他激励措施，以提高参与度。

三、用户访谈的基本步骤

（一）访谈前的准备

首先，确定用户的性别、年龄、婚姻状况、职业、居住条件等。其次，从大量有意愿参与的用户中选出符合条件的人。用户的筛选条件确定之后，需要根据确定的筛选条件进行用户招募工作。关于场地选择，深度访谈可以在很多地方进行，通常是请用户到公司来，使用公司内部的会议室进行访谈。如果公司内部有比较大的公共区域及休息区，在公共区域里进行也可以。需要注意的是，场所的选择也会对访谈有影响，应该尽量营造温馨舒适的氛围以消除用户的紧张感。就素材准备而言，访谈其实并不需要什么特殊的设施，一些常用的基础设施包括电脑、笔、笔记本等记录工具、访谈提纲资料、录音设备、录音许可和信息公开许可等协议书。

（二）访谈中的事项

访谈前的准备工作完成之后就可以正式进行访谈了。但是如果和用户一见面就马上切入正题开始进行访谈，那么访谈可能无法顺利地进行。因为此时用户还处于紧张状态下，访谈人员和用户之间还没有建立信任关系。为了消除用户的担忧，建立起信任关系，首先可以进行简单的寒暄和自我介绍。通过轻松的沟通先活跃气氛，让用户更加放松。紧接着就可以向用户明确此次访谈的目的了。因为访谈开始之前不会明确告知用户访谈的内容，而且采访的过程中经常会出现访谈人员向用户刨根问底的情况，如果不事先说明情况，访谈就可能会受阻。在对用户有了比较深入的了解之后，就应该把话题引到产品的使用情况上来。通过访谈，逐渐明确用户是如何使用该系统或产品的，常见的访谈一般由五个部分的问题构成，分别是基本信息、过往经历、产品感受、体验流程、竞品体验。最后根据用户的访谈内容再深究细节。在访谈开始之初，一般都会告知用户访谈时长。因此，原则上来说，访谈应该在约定的时间内完成。为了防止访谈内容有所遗漏，访谈结束后可以与用户一起根据访谈大纲快速回顾一下访谈内容与回答。这更像是一个与用户二次确认的过程。如果记录有所遗漏，在此阶段可以进行补充，如果有错误，可以抓住机会二次修改。结束语是在访问完最后一个问题后，向用户表明本次访谈已结束。在结束语中要向用户表达感谢，告知其回答非常具有参考意义，公司会尽快把收集到的访谈内容反馈给相关部门。如果提供奖品和红包，需要在访谈结束后一并发给用户。对于一些参与度高、善于沟通的优质用户，需要在访谈结束后维护好关系，方便再次访谈。

（三）访谈后的总结

访谈后要尽快整理访谈内容，输出记录，总结出访谈报告。逐一整理用户的访谈内容，重点关注用户提出的问题及相应的负反馈，正反馈可忽略。要将问题归类，将不同用户提出的相同问题合并。基于访谈记录、表格及受访者提出的问题给出优化方案，并持续跟进。

四、研究案例

老年群体的娱乐需求访谈

1. 调研目的

通过问卷判断预测需求的真实情况。根据数据及时调整访谈方向。通过访谈，弥补问卷预测中不足之处，获得更深层次的信息。观察用户对某要点的态度。最后结合线上调研，总结出娱乐需求。

2. 调研概况

时间：2022 年 11 月 20 日 15：30—17：00。

地点：长沙惟盛源小区公共广场。

调查人员：马雯霄、迟文欣、周婉真。

受访者：下午坐在小区广场周围闲聊、目测年龄 60 岁左右的老人。

调查方式：问卷+半结构式访谈。

有效访谈人数：8 人。

3. 注意事项

(1)鉴于老人的身体特点，不采用直接填写问卷的方式而是采用语言沟通、调查人员代填的方式(图 4-1)。

图 4-1　研究小组现场调研图

(2)为激发受访者的分享欲，需要将专业术语转化成通俗语言，用“侃大山”“聊家常“的方式询问。

(3)受访者的回答通常会向外延伸，调查时需要及时拉回主题。

(4)当询问敏感问题(如身体状况等)时，需要注意措辞和语言。

(5)注意询问节奏，不能让受访者认为侵犯了自己的隐私或者感觉被审判。

4. 访谈问题设置

在对小区老人进行调查前，通过线上调研和日常生活观察，分析老人娱乐生活的组成要素、影响老人接受乐龄游戏的影响因素，设置访谈大纲，以由基础问题至核心问题延伸的形式进行(表4-1)。

表4-1　访谈问题设置

问卷结构		作用	题数&题号	占比/%
起始部分		问卷标题、版本号、问候语、说明文字		
问题部分	基本信息部分	该部分的信息收集主要用于制作用户画像	7题(1~7)	36.84
	筛选条件	针对用户筛选标准的问题	4题(8~11)	21.05
	问题主体	询问用户日常娱乐状态和对娱乐生活的满意度，引导用户描述自己的娱乐生活细节	6题(12~17)	31.58
	引入设计目标	最后的一些开放式问题：对乐龄游戏的态度(问法中不提出乐龄游戏的概念，而是通过图片描述的形式询问参与意愿)	2题(18~19)	10.53

第一部分　基础信息部分

(1)老人的性别：①男；②女。

(2)老人的年龄：__________。

(3)老人的文化程度：①不识字或识字较少；②小学；③初中；④高中或职专；⑤大专；⑥本科及以上。

(4)老人的婚姻状况：①从未结婚；②有配偶；③离婚；④丧偶。

(5)老人的退休金收入：__________元。

(6)老人的子女情况：①儿子；②女儿。

(7)老人现在和谁一起住：①自己；②老伴；③儿子；④女儿；⑤亲友；⑥保姆；⑦其他。

(8)老人现在主要由谁照顾：①自己；②老伴；③儿子；④女儿；⑤亲友；⑥保姆；⑦其他。

(9)老人和主要照顾者居住地的距离：①一起住；②同小区；③同街道；④同区；⑤同域；⑥其他。

(10)主要照顾者的照顾能力是否能满足老人的需求：①完全能满足；②基本能满足；③勉强能满足；④大部分能满足；⑤完全不能满足。

(11)老人是否患有以下疾病(多选题)：①高血压；②冠心病；③脑卒中；④糖尿病；⑤癌症；⑥风湿病；⑦慢性肾病；⑧老年慢性支气管炎；⑨抑郁症或阿尔茨海默病、帕金森病；⑩骨关节炎(炎症、增生、骨折、椎间盘突出等)；⑪其他；⑫无任何疾病。

(12)老人平地行走情况：

①使用或不使用辅具，皆可独立行走50米以上；

②需他人稍微搀扶才能行走50米以上；

③虽无法行走，但可以操作轮椅并可推行轮椅50米以上；

④完全无法自行行走，需别人帮忙推轮椅。

第二部分　生活娱乐情况

(1)您在生活中一般进行什么单人娱乐活动?

①消磨时间(玩手机、看直播、听广播、看电视)；

②健体活动(打太极、游泳、跑步、打球等)；

③文化艺术(看书读报、书法绘画、唱歌唱戏、乐器)；

④手工工艺(串珠绣花编织、雕刻)；

⑤不进行单人娱乐活动；

⑥其他。

(2)您在生活中一般进行什么多人社交娱乐活动?

①邻里聚集闲聊、晒太阳；

②邻里朋友一起打麻将、下象棋；

③跳广场舞；

④外出游玩(逛街、喝茶等)；

⑤不进行多人社交娱乐活动；

⑥其他。

(3) 您平常一般与谁一起娱乐：①子女、孙辈；②邻里；③亲戚；④朋友；⑤其他。

(4) 您一天中的自由娱乐时间：①1 小时以内；②1～3 小时；③3～6 小时；④ 6 小时以上。

(5) 您对自己娱乐生活的满意度：①非常满意；②满意；③一般；④不满意；⑤非常不满意。

(6) 您对自己的娱乐生活的哪方面不满意：①娱乐时间太少；②娱乐项目太少；③无人一起娱乐；④娱乐环境差、少。

主要从两方面入手，对访谈结果进行简单整理：一方面我们希望知道受访者对现阶段娱乐生活的叙述和评价，我们发现受访者大多很少使用智能手机，我们在访谈中也询问了关于智能手机使用的话题；另一方面，我们还初步了解受访者对于乐龄游戏的看法。

5. 访谈结果

根据访谈中的录音和记录，我们汇总了访谈对象的娱乐生活内容，进行归类后可分为四类：环境、服务、人群、习惯。

环境方面：经常在社区或者周边的商场活动；小区设施跟不上；小区设施都是露天的，下雨天无法活动；没有广场；社区有一个“食堂”，经常聚集人群；一些室内的棋牌室环境不好，吵闹，不喜欢；每天聚集在固定的地方。

服务方面：社区不举办活动；大家自发组织活动，包括跳舞、打牌、打麻将；参加的活动大多都与买卖产品有关；外面商场里面也没什么感兴趣的活动。

人群方面：带孙辈，找小孩玩的地方；没什么人一起；楼上楼下的邻居经常抱着小孙女来家里玩；在楼下跟邻居聊天；跟子女去逛街。

习惯方面：喜欢刷抖音，会使用微信，觉得使用手机带孩子很方便；使用老年专用手机；上午在小区走一走，睡午觉到下午四五点，再走一走；聊天，会打麻将，但不经常打；看节目，参加超市抢购活动，参与产品推销活动，如领鸡蛋等；喜欢看电视剧，看家庭生活剧及抗日战争剧较多；在小区固定长椅闲坐；平时没什么娱乐活动，仅坐着或者带孙辈；以前喜欢唱歌但是近年来因为带孙子没时间；会玩“跑得快”；在乡下有块地，经常去种种菜、浇浇水，给子女送点自己种的菜；逢年过节去商场买衣服；去楼下健身器材那里晒太阳，捋捋后背；每周跟女儿去澡堂泡澡；喜欢买菜做饭，赶集；养家禽；有时跟子女去逛街；退休后找了个除草工作，喜欢写毛笔字；找了一个公司门卫的工作；钓钓鱼；白天睡觉睡很久，平常骑自行车去买牛奶，喜欢下象棋。

6. 高频娱乐需求总结

环境：娱乐环境优美、设施完善、活动不受天气影响(室内)，亲近自然的环境。

人群：有一起娱乐的伙伴。

服务：有活动组织者、日常娱乐形式丰富、活动形式有利于健康、活动有意义、活动高质量。

（来源：中南大学　马雯霄、迟文欣、周婉真）

第三节　用户观察

用户观察是指研究者(观察者)根据一定的研究目的、研究提纲或观察表，用自己的感官和辅助工具去直接观察被研究对象，从而获得资料的一种方法。科学的观察具有目的性、计划性、系统性和可重复性。观察者一般以亲身经历/影子观察等方式感知被观察对象。由于人的感觉器官具有一定的局限性，观察者往往要借助各种现代化的仪器和手段，如照相机、录音机、录像机等设备辅助观察。

一、用户观察的基本类型

(一)外部观察

外部观察也叫非参与式观察。观察者以第三者的姿态置身于所观察的现象和群体之外，完全不参与被观察对象的团体活动，甚至根本不与他们直接交往。

(二)参与式观察

参与式观察又称局内观察，可分为半参与式与全参与式观察。参与式观察是来自文化人类学中的民族志方法。半参与式观察是指观察者并不一定参与被观察对象的所有活动，而是在不妨碍被观察对象生活的前提下保留被观察对象的一些生活习惯，但通常在语言和生活习惯上与被观察对象保持一致。完全参与式观察是观察者不暴露自己的身份，避免被观察对象知道自己正在被观察，从而完全投入被观察对象的活动中。

以用户为中心的设计研究中，研究者通常采用参与观察的方式，将自己作为一个使用者融入用户的真实生活场景中，与他们一起完成工作、学习，以及参与某项主题活动等任务，观察所参与用户的生活，全身心投入用户环境中，从而了解用户在预先确定的研究领域中存在的实际问题与情绪，最终汇总问题与发现。这种观察往往能引导研究者初步了解用户，并且能够循序渐进地完成和用户的互动。

(三) 远距离观察

观察法强调的是细致入微，因此以近距离观察为宜。但某些特殊情况下，需要选择远距离观察，借助望远镜、长焦镜头等手段，在用户不知情的情况下予以观察，因此远距离观察本质上是外部观察的一种特殊形式。

(四) 间接观察

间接观察是指观察者对自然物品、社会环境、行为痕迹等事物进行观察，以便间接反映被研究对象的状况和特征，追溯和了解过去所发生的事情。例如，通过观察产品使用后的状况，如磨损程度、摆放位置或定制情况，研究者可以推断用户的使用频率、偏好和生活方式。

二、用户观察的方法

(一) 图片日记

图片日记是一种让用户通过拍照记录日常生活，了解用户的生活习惯、兴趣爱好和需求的用户观察方法。在图片日记中，用户需要每天拍摄至少一张照片，并附上简短的文字描述。这些照片和描述可以帮助研究者了解用户在日常生活中所遇到的痛点，以及他们对于现有产品的满意度。

(二) 影像故事

影像故事是一种让用户通过讲述生活中的故事，展示他们的情感、价值观和需求的方法。在影像故事中，用户需要用视频或图片的形式，讲述一个关于自己的故事。这个故事可以是成功的经历、感人的时刻或者有趣的日常。通过聆听这些故事，研究者可以更好地了解用户的内心世界，从而为他们提供更加贴心和符合需求的产品。

(三)眼动跟踪

眼动跟踪是一种通过记录用户在观看产品或使用应用程序时的视线移动，了解用户关注点和行为的方法。在眼动跟踪测试中，用户需要佩戴特殊的眼镜或头盔，以便记录他们的视线移动。通过分析这些数据，研究者可以了解用户在产品或应用中的关注点，以及他们在浏览过程中的行为模式。这有助于研究者优化产品的界面设计，完善用户体验。

三种用户观察方法各有特点，可以帮助研究者从不同角度了解用户的需求和行为。在实际应用中，研究者可以根据项目需求和目标用户群体，选择合适的观察方法。同时，为了获得更全面和准确的数据，研究者还可以采用多种观察方法相结合的方式。

三、用户观察的实施

明确研究目的和研究的主题：被研究对象、研究的问题、特定的情景。

制订观察计划：确定观察时间、地点、采用的方式、可能需要的设备器材、观察的次数、需要搜集的内容、影响观察取样的要素、注意事项等。

预观察：熟悉观察内容，预先制订应对措施。

进行观察：选择观察角度、观察行为反应、倾听用户描述、随时分析思考，利用辅助工具协助记录客观发生的事件与自己的所思所想。

整理分析：观察后及时整理与分析。现场记录下来的信息往往有两大类，一类是记录的客观发生的现象，另一类是记录的观察者自己的想法。这两类信息一定要分清楚。

通过用户观察可获得最原始的用户信息，数据客观真实且丰富，可为后期设计提供创意来源。由于观察过程中与被研究对象的交流比较少，对被研究对象的影响较小，可以得到他们最真实自然的数据。由于大部分的信息是现场直接观察到的，不依赖于被观察对象的回忆，比较客观真实。作为旁观的研究者，往往能观察到被研究对象不能观察到的内容，能更全面地反映实际情况，并且能对那些不能回答问题的被研究对象进行观察，如儿童、动物、残疾人和生病的老人。

但用户观察也具有一定的局限性，其几乎是所有方法中耗时最长、人力物力成本最高的，且由于是人工记录，会经过研究者的筛选和评价，整个过程就受到研究者的主观影响，容易遗漏重要的有价值信息。告知被研究对象的情况下，获取的数据是非自然状态，如果研究者在观察的过程中暴露身份，就可能会使被研究者感受到欺骗，使得研究处于一种尴尬的境地。虽然观察法中的结构性观察可以做定量分析，但是由于它搜集的样本有限，评价比较依赖研究者的主观分析，因此其产生的定量分析结论只能作为参考，不具有普适性。

四、研究案例

广场舞场景下老年参与者行为观察

1. 调研说明

调研时间：2021 年 12 月 8—21 日 15：00—21：00。

调研地点：中南大学校本部、长沙市岳麓区王家湾步步高广场。

调研人员：苏家玉。

调研方法：非参与式观察法、参与式观察法。

设备准备：平板电脑一台，手机一台，笔记本一本，笔一支。

调研目的：了解老年人跳广场舞的基本行为活动信息与特征，总结其音箱使用情况，并观察其无意识行为，发现使用问题与需求，为接下来的实验实施与设计奠定基础，调研现场情况见图 4-2。

图 4-2 调研现场情况

2. 观察信息记录

运动时间：19：00—21：00(晚上为主，一年四季如常，除非下雨/防疫需要)。

场地：公园、广场为主，面积 50~120 m^2，甚至更大(由参与人数决定)。

参与用户：中年人、老年人(40~70 岁)。

参与人数：20~100 人(分为中小型规模、大规模)。

参与人群性别：女性为主，占 92%；男性占 8%。

音箱配置：中小型、大型音箱(一般由专人负责，晚上带回去/专地保管)。

音箱与人距离：2~3 m。

音箱放置方式：中小型放在台阶/椅子上居多、大型放地上。

音箱最常用功能：开关、暂停播放、音量大小、切歌上下首。

参与者站位：1~3 名领舞者站在第一排(最靠近音箱，也是音箱操作者)，其他人分排站，每排平均 5~8 人(站位不固定)。

靠后人群是否缺乏交互氛围：是(可作为提升体验交互点)。

音箱体积、重量是否会造成困扰：是(大部分选择拉杆拖箱)。

音箱是否需要弯腰下蹲操作：是 (跳舞全程中操作较少)。

是否缺乏初次体验与引导教学：是(参与者只有不到 3%人会使用音箱)。

注：音箱操作者年龄普遍偏年轻(50~60 岁)，不排除有部分高龄者(70 岁以上)赶潮流、爱钻研。

3. 活动时间线及行为记录(考虑目前已经是活动运行成熟期)

(1)18：40 队长带着音箱来到惯用场地，调试好后播放音乐，开始跳。

(2)19：00 其他队员(同伴)陆续到来，放置好个人物品，跟随着一起跳。

(3)19：30 人群逐渐扩大，其中不乏男性与小孩。

(4)20：30 人数开始逐渐减少，部分人离去。

(5)21：00 运动结束，众人收拾物品离开，队长携带音箱离开。

(6)整个过程较少出现切歌、选歌、调音量现象(2~3 次)，大部分时间按照歌单顺序从头跳到尾不中断，因此也不存在远程交互困难问题。

4. 队长操作行为

(1)在家通过电脑自行下载好歌曲，存入 U 盘，并编号歌曲序号，如 01、02、03……(只记序号，不记曲名，该行为由后期访谈得知)。

(2)用小购物袋装好音箱、遥控器，挎在手臂上前往场地。

(3)将袋子放置在公共石凳上，拿出音箱，开机，插入 U 盘。

(4)拿出遥控器，取下绒袋，通过数字按键选歌，播放音乐。

(5)将遥控器放入上衣口袋，前往固定站位点开始跳舞。

(6)一曲或几曲完毕，停下来，掏出遥控器进行数字选歌(夜晚光线太暗，看不清数字，需偏向光亮处凑近看，按键太小，会按错），继续跳舞。

(7)最后一曲结束，稍作休息。

(8)收拾好物品，离开。

5. 队员参与行为

(1)前往场地(带有小包)。

(2)将小包放在音箱旁边/挂在音箱拉杆上，脱下外套放/挂在一起。

(3)加入队伍，开始跳舞(站位不固定，随意站)。

(4)不同队员有不同站位习惯(对齐站/插空站)，队伍后排看不到领舞者，动作延迟。

(5)一曲或多曲毕，选歌时，原地稍作等待。

(6)最后一曲结束，稍作几分钟休息，同时聊天交谈。

(7)收拾好物品，离开。

(8)周围偶尔有几位老年人(男女均有)靠近驻足观看许久，微微跟随节奏小动，有参与意愿，但由于各种原因(不自信，不好意思……)最终未加入。

6. 观察总结——问题发现与设计机遇点

(1)现有老年人广场舞音箱较笨重，不易携带。

(2)音箱/遥控器按键无引导与提示，夜晚看不清，调试存在困难，且跳舞过程中难以携带。

(3)整个活动中存在多人与音箱接触，需设计主次交互机制，排除干扰。

(4)站位习惯对参与体验有影响，可进行地面交互引导。

(5)对于有意愿但羞于加入者可增强行为引导参与。

（来源：中南大学　苏家玉）

第四节　问卷调查

问卷是为了搜集人们对某个特定问题的态度、观点或信念等信息而设计的一系列问题。问卷调查是调查者运用统一设计的问卷，向被选取的调查对象了解情况或征询意见的调查方法。用户问卷调查的内容是验证和发掘相关用户信息，包括用户的观点、态度、喜好、个人基本情况等，既可以是抽象的观点，如理想、信念、价值观和人生观等，也可以是具体的行为或习惯，如使用产品的习惯、对商品品牌的喜好、购物的习惯和行为等。

在用户研究中，问卷调查有两个目的。一是为了在大量人群中获取整体系统的信息。相对于用户观察、用户访谈来说，用户问卷调查的调查面更广，简便易行，省时省力，可以对较大人群量进行数据的收集，更容易收集到用户的目标、行为、观点和人口统计特征等量化数据。二是为了挖掘与产品设计、用户界面和可用性相关的信息，通过问卷调查较大的样本量，确定该因素与用户之间的关系及各因素之间的关系。

一、问卷调查的结构

(1)卷首语。它是用户问卷调查的自我介绍信，应该包括调查的目的、意义和主要内容，调查对象的选取方法和途径，调查对象的期待和诉求，填写问卷的说明，回复问卷的方式和时间，调查的匿名和保密原则等内容。卷首语的语气要谦虚诚恳、平易近人，文字表述要简明通俗、有可读性。

(2)问题和答案。它是问卷的主题内容。在问题的表达方式上应注意以下几点：问题的语言要尽量简单，使用简单明了、通俗易懂的语言，避免使用专业术语和抽象概念；问题不要有多重或双重含义，即一个问题只问一个方面，不要在一句话中，同时询问两个或两个以上问题；问题不能带有倾向性和诱导性，在问题的提问方式上尽可能客观中立；不要使用否定形式的提问；不要问调查对象不知道或是超过记忆范围的问题；不要问敏感性的问题。

(3)结束语。它可以是简短的几句话，对调查对象表示感谢，也可以是请调查对象对问卷进行简短的评价或补充。

二、问卷调查的步骤

(1)基础性工作：上网查找背景资料，了解是否有相关研究课题，了解目标人群的特点，确定问卷调查涉及的范围，选取调查对象等。

(2)问卷设计前期实验：测试问题提法和答案内容，协助设计题目。

(3)设计问卷初稿：设计题目，对题目进行组织排序。

(4)试用修改：邀请专家或研究人员进行主观评价，并通过小众样本测试进行客观验证。

(5)发放问卷：可通过个别发送、邮寄填答、集中填答、当面访问、电话访问、网络访问等方式发放。

（6）回收问卷：调查者应做好相应记录，包括调查对象不接或挂断电话等个人情况，以便于后续的回访和确认；还应记录调查开始和结束的时间，对问卷进行编号，最后要再次对调查对象表示感谢。

（7）分析问卷：对问卷进行初步审阅与校正，过滤错答、误答和空白情况，提升准确度和真实度；对问卷进行编码；进行数据录入与清理；得出问卷总结报告。

问卷调查可借助互联网等媒介大范围传播，成本低，不受空间限制，易于定量分析，隐私性强，可减少特殊案例的影响；但回收的有效问卷比例低，对问卷设计的要求较高，非结构化问题可能引起理解偏差，调查对象的责任感对研究结果影响较大。

三、问卷调查注意事项

在设计问卷时，我们需要细致入微地考虑问卷的措辞和选项的设置、顺序、长度、布局及设计。因为这些因素都会影响问卷的有效性和可靠性，进而影响收集数据的真实性和准确性。

（一）问题的表述方式

问题应简明扼要，避免冗长和复杂的表述。使用简单、明确的语言，避免使用含糊的形容词和副词。问题应客观、真实，并具有保密性。避免使用引导性表述，尽量保持中立。问题应具有针对性和相关性，与调查目的和主题紧密相关。

（二）问题的数量与顺序

问题数量不宜过多，避免让调查对象感到疲惫和无聊。一般来说，问卷填写时长应尽量控制在5~15分钟。问题顺序应先易后难，容易、直观、清楚的问题应置于前面，困难、复杂、关注细节的问题应置于后面。要避免问重复的问题，以免影响调查对象的回答质量和问卷的有效性。如果有必答题和选答题，应明确标注。

（三）其他注意事项

在设计问卷之前，咨询相关专家的意见，以确保问卷的科学性和可靠性。在大规模发放问卷之前，进行小范围的试测，以便发现和修改问题。确保问卷的排版和格式整洁、清晰，易于阅读和理解。在发放问卷时，尽量选择具有代表性的样本，以提高调查的可靠性。对收集到的数据进行严格保密，遵守相关法规和伦理要求。在数据分析过程中，遵循科学的方法和原则，确保结果的准确性和可信度。

四、问卷发放途径

（1）抽样发送法：这种方法会随机抽取一部分样本，然后将问卷发送给这些样本，可以通过邮件、短信或社交媒体平台发送问卷链接或附件。这种方法适用于大规模的调查，可以覆盖较广的受众群体。

（2）邮寄填答法：这种方法将问卷通过邮寄方式发送给调查对象，要求他们填写后统一寄回并收集好。这种方法适用于需要长时间进行调查的情况，或者需要收集纸质文档的调查。

（3）集中填答法：这种方法将问卷集中在特定的地点，如学校、社区中心或商场等，邀请调查对象前来填写问卷。这种方法适用于需要面对面交流的情况，或者需要即时解答调查对象疑问的情况。

（4）当面访问法：这种方法通过与调查对象面对面访问进行调查。调查者会前往调查对象的家中、工作场所或其他指定地点，与他们面对面交流并填写问卷。这种方法适用于需要深入了解调查对象观点和态度的情况，通常采用问卷与访谈相结合的方式进行。

（5）电话访问法：这种方法通过电话与调查对象进行问卷调查。调查者会拨打调查对象的电话，按照预先设计的问卷进行提问并记录回答。这种方法适用于需要快速收集数据的情况，但可能受到调查对象的接听意愿和时间的限制。

（6）网络访问法：这种方法通过互联网进行调查。调查者可以通过网站、社交媒体平台或其他在线调查工具发布问卷，邀请调查对象填写。这种方法适用于需要覆盖广泛受众、快速收集数据和减少成本的情况。

五、研究案例

基于KANO模型的卡牌乐龄游戏可用性对能力衰退型老人满意度影响研究

1. 研究人群选择

能力衰退型老人往往会出现以下生理与心理问题：体力不支，出行频率降低、视力退化、记忆力下降、重复行为、情绪波动等。针对这些问题，可以从外

在和内在两方面来解决。

外在：通过辅助设备(眼镜、拐杖和日记本等)，帮助他们弥补身体机能不足和适应衰老引发的能力变化。提高他们所处的环境的包容性，减少生活中的环境障碍。

内在：为预防身体机能的进一步衰退，提供一些具备训练功能的设备，促进老年人对身体各项能力的锻炼，尝试恢复部分正在衰退的能力。

其中，内在的解决方案可以通过玩乐龄游戏来达到目的。

2. 研究游戏选择

游戏选择依据：根据目标人群(能力衰退型老人)的特点和需求，我们进行了相应的乐龄游戏配对，最终选择了《成语接龙消消乐》这一款游戏。

乐龄游戏内容见图 4-3。

①将24张成语卡牌背面朝上排列在桌子上

②两人轮流翻牌，一次翻开两张卡牌

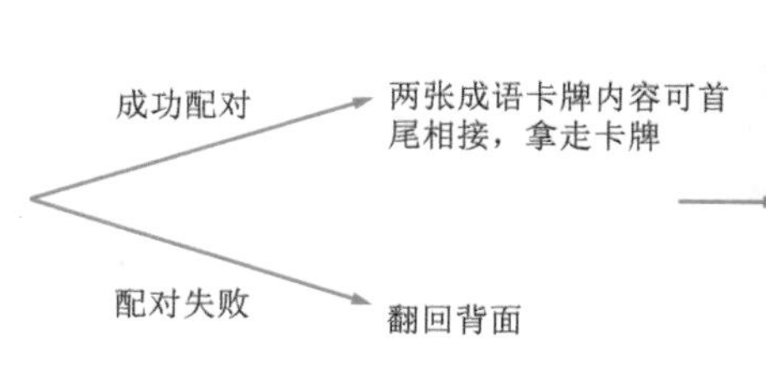

③直至不能配对

图 4-3 乐龄游戏内容

游戏功能：延缓大脑衰老(记忆力)、预防或延缓失智、实现社交重建。

3. 研究游戏评价要素选择

我国台湾省著名的乐龄游戏专家陈绍雄教授提出，乐龄游戏八大组合元素(图 4-4)，即颜色、形状、数字、运算、逻辑、推理、记忆、协调，这成为乐龄游戏设计的基础构成。

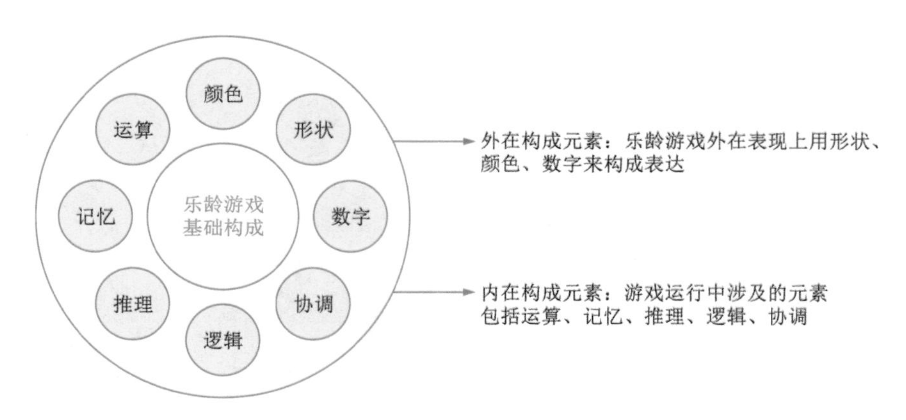

图 4-4　乐龄游戏基础构成

从有效性、效率、易用性、吸引力四个方面测试卡牌乐龄游戏的可用性，具体见图 4-5。

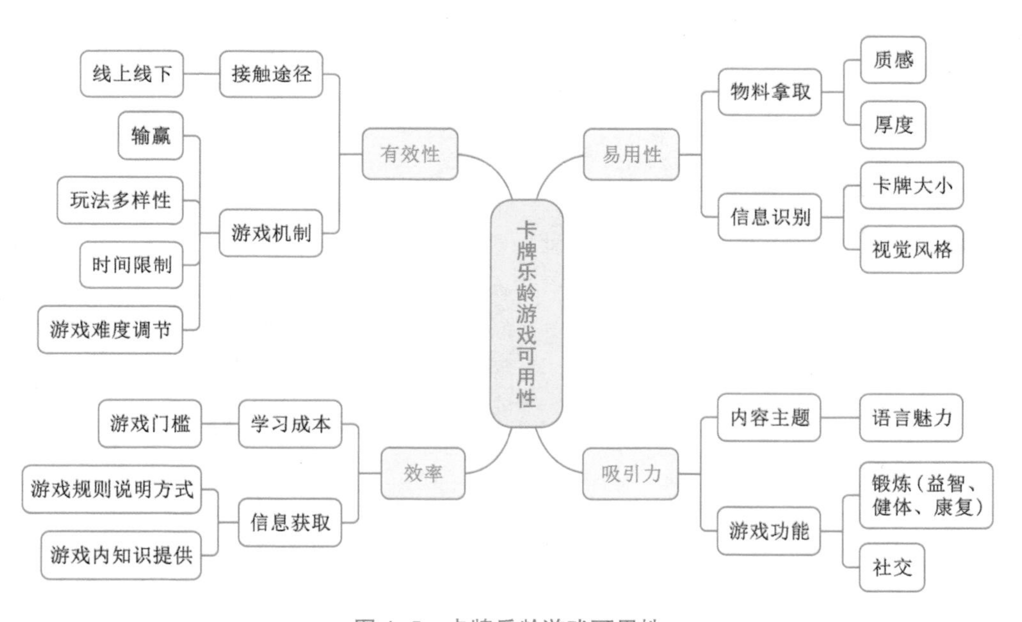

图 4-5　卡牌乐龄游戏可用性

有效性(effective)：怎样准确、完整地完成工作或达到目标(如游戏的机制能否引导用户将游戏完整地进行下去)。

效率(efficient)：怎样快速地完成目标(在乐龄游戏中，快速完成目标即高效掌握游戏相关信息)。

吸引力(engaging)：如何吸引用户进行交互并在使用中得到令人满意的体验。

易用性(usability)：易用性是可用性的一个重要方面，指的是产品对用户来说意味着易于学习和使用。

4. 数据收集与分析

(1)KANO问卷设计。

为探究游戏评价要素，使用小组讨论法提出设想，最终确定15项游戏功能。

根据上述理论进行卡诺问卷设计。问卷由三部分组成，第一部分为筛选问题，筛选本次调研的目标用户群体，即能力衰退型老人；第二部分为游戏简介，简要说明调研中涉及的游戏规则；第三部分为量表部分。

卡诺问卷中同一服务内容的题项由正反两个问题组成：调研“提供该功能时”和“不提供该功能时”用户的感受。每个题项提供五个选项：喜欢、理应如此、无所谓、勉强接受、很不喜欢。

问卷针对游戏机制、接触途径、信息获取、信息识别、物料拿取、游戏功能、内容主题、学习成本进行正反向提问，分别对应一级层次中的有效性、效率、吸引力、易用性的游戏属性。问卷题项如下。

①接触途径。

如果该游戏提供线上模式(如手机参与)，您觉得怎样？

如果该游戏不提供线上模式，您觉得怎样？

②游戏机制1。

如果该游戏有比拼，有输赢机制，您觉得怎样？

如果该游戏无比拼，无输赢机制，您觉得怎样？

③游戏机制2。

如果该游戏具有多种玩法，您觉得怎样？

如果该游戏只具有一种玩法，您觉得怎样？

④游戏机制3。

如果该游戏有完成时间限制，您觉得怎样？

如果该游戏没有完成时间限制，您觉得怎样？

⑤游戏机制4。

如果该游戏可以调节难易程度，您觉得怎样？

如果该游戏不可以调节难易程度，您觉得怎样？

⑥学习成本。

如果该游戏需要一定的知识储备，您觉得怎样？

如果该游戏不需要知识储备，您觉得怎样？

⑦信息获取 1。

如果该游戏使用图片搭配文字进行规则说明，您觉得怎样？

如果该游戏仅使用文字进行规则说明，您觉得怎样？

⑧信息获取 2。

如果卡牌表面提供额外的成语解释，您觉得怎样？

如果卡牌表面不提供额外的成语解释，您觉得怎样？

⑨物料拿取 1。

如果卡牌表面使用磨砂材质，使其更易抓取，您觉得怎样？

如果卡牌表面不使用磨砂材质，您觉得怎样？

⑩物料拿取 2。

如果卡牌做加厚处理，使其更易抓取，您觉得怎样？

如果卡牌不做加厚处理，您觉得怎样？

⑪信息识别 1。

如果提供多种大小型号的卡牌版本，您觉得怎样？

如果只提供一种大小型号的卡牌版本，您觉得怎样？

⑫信息识别 2。

如果有多种卡牌装饰风格可供选择，您觉得怎样？

如果卡牌只有常规朴素的风格，您觉得怎样？

⑬内容主题。

如果该游戏使用大量成语，文化性极强，您觉得怎样？

如果该游戏使用普通词语，您觉得怎样？

⑭游戏功能 1。

如果该游戏适合多人一起玩，您觉得怎样？

如果该游戏不适合多人一起玩，您觉得怎样？

⑮游戏功能 2。

如果该游戏既有娱乐性，又能锻炼身心，您觉得怎样？

如果该游戏仅有娱乐性，您觉得怎样？

(2)问卷收集结果。

本次问卷发放的时间为2022年11月27日至12月1日，问卷的发放形式为通过线上“问卷星”平台设计问卷并生成链接投放。共发放卡诺问卷90份，回收有效问卷90份，调查对象的基本信息统计见表4-2。其中，老年人(60岁以上)共有38人，占比42.22%，为本次调查的目标对象。符合“能力衰退型”特征的调查对象占比41.11%。

表4-2　调查对象基本信息统计

用户基本信息	问卷选项	选项数量/份	占比/%
年龄	60岁以下	52	57.78
	60岁以上	38	42.22
身体状况	健康	53	58.89
	机能退化	37	41.11
	严重退化	0	0
玩伴	家人	34	37.78
	朋友	27	30.00
	同好	29	32.22

(3)KANO模型评价结果。

卡诺模型以频数的最大值为依据判断各功能的质量属性。依据KANO模型评价结果分类对照表(表4-3)，得出评价结果(图4-6)。

表4-3　卡诺模型评价结果分类对照表

功能/服务		反向题				
		喜欢	理应如此	无所谓	勉强接受	很不喜欢
正向题	喜欢	Q	A	A	A	O
	理应如此	R	I	I	I	M
	无所谓	R	I	I	I	M
	勉强接受	R	I	I	I	M
	很不喜欢	R	R	R	R	Q

注：A—魅力属性；O—期望属性；M—必备属性；I—无差异属性；R—反向属性；Q—可疑属性。

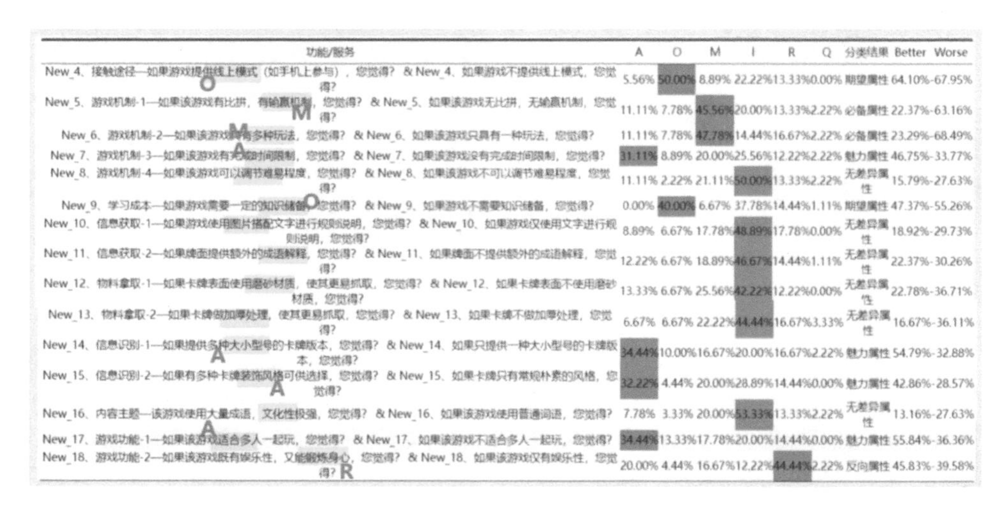

功能/服务	A	O	M	I	R	Q	分类结果	Better	Worse
New_4、接触途径—如果游戏提供线上模式（如手机上参与），您觉得？ & New_4、如果游戏不提供线上模式，您觉得？	5.56%	50.00%	8.89%	22.22%	13.33%	0.00%	期望属性	64.10%	-67.95%
New_5、游戏机制-1—如果该游戏有比拼，有输赢机制，您觉得？ & New_5、如果该游戏无比拼，无输赢机制，您觉得？	11.11%	7.78%	45.56%	20.00%	13.33%	2.22%	必备属性	22.37%	-63.16%
New_6、游戏机制-2—如果该游戏有多种玩法，您觉得？ & New_6、如果该游戏只具有一种玩法，您觉得？	11.11%	7.78%	47.78%	14.44%	16.67%	2.22%	必备属性	23.29%	-68.49%
New_7、游戏机制-3—如果该游戏有完成时间限制，您觉得？ & New_7、如果该游戏没有完成时间限制，您觉得？	31.11%	8.89%	20.00%	25.56%	12.22%	2.22%	魅力属性	46.75%	-33.77%
New_8、游戏机制-4—如果该游戏可以调节难易程度，您觉得？ & New_8、如果该游戏不可以调节难易程度，您觉得？	11.11%	2.22%	21.11%	50.00%	13.33%	2.22%	无差异属性	15.79%	-27.63%
New_9、学习成本—如果游戏需要一定的知识储备，您觉得？ & New_9、如果游戏不需要知识储备，您觉得？	0.00%	40.00%	6.67%	37.78%	14.44%	1.11%	期望属性	47.37%	-55.26%
New_10、信息获取-1—如果游戏使用图片搭配文字进行规则说明，您觉得？ & New_10、如果游戏仅使用文字进行规则说明，您觉得？	8.89%	6.67%	17.78%	48.89%	17.78%	0.00%	无差异属性	18.92%	-29.73%
New_11、信息获取-2—如果牌面提供额外的成语解释，您觉得？ & New_11、如果牌面不提供额外的成语解释，您觉得？	12.22%	6.67%	18.89%	46.67%	14.44%	1.11%	无差异属性	22.37%	-30.26%
New_12、物料拿取-1—如果卡牌表面使用磨砂材质，使其更易抓取，您觉得？ & New_12、如果卡牌表面不使用磨砂材质，您觉得？	13.33%	6.67%	25.56%	42.22%	12.22%	0.00%	无差异属性	22.78%	-36.71%
New_13、物料拿取-2—如果卡牌做加厚处理，使其更易抓取，您觉得？ & New_13、如果卡牌不做加厚处理，您觉得？	6.67%	6.67%	22.22%	44.44%	16.67%	3.33%	无差异属性	16.67%	-36.11%
New_14、信息识别-1—如果提供多种大小型号的卡牌版本，您觉得？ & New_14、如果只提供一种大小型号的卡牌版本，您觉得？	34.44%	10.00%	16.67%	20.00%	16.67%	2.22%	魅力属性	54.79%	-32.88%
New_15、信息识别-2—如果有多种卡牌装饰风格可供选择，您觉得？ & New_15、如果卡牌只有常规朴素的风格，您觉得？	32.22%	4.44%	20.00%	28.89%	14.44%	0.00%	魅力属性	42.86%	-28.57%
New_16、内容主题—该游戏使用大量成语，文化性极强，您觉得？ & New_16、如果该游戏使用普通词语，您觉得？	7.78%	3.33%	20.00%	53.33%	13.33%	2.22%	无差异属性	13.16%	-27.63%
New_17、游戏功能-1—如果该游戏适合多人一起玩，您觉得？ & New_17、如果该游戏不适合多人一起玩，您觉得？	34.44%	13.33%	17.78%	20.00%	14.44%	0.00%	魅力属性	55.84%	-36.36%
New_18、游戏功能-2—如果该游戏既有娱乐性，又能锻炼身心，您觉得？ & New_18、如果该游戏仅有娱乐性，您觉得？	20.00%	4.44%	16.67%	12.22%	44.44%	2.22%	反向属性	45.83%	-39.58%

图 4-6　KANO 模型评价结果

①必备属性（M）。

用户对卡牌类乐龄游戏的基本需求。

对于用户而言，这类需求是必须满足的，当不提供此需求时，用户满意度会大幅降低，但优化这类需求，用户满意度不会得到显著的提升。这类需求是核心需求，也是产品必须具备的功能，设计卡牌类乐龄游戏时应该注重不要在这些方面减分，需要不断地调查和了解用户需求，并通过合适的方法在乐龄游戏中体现这类需求。

在此调研结果中，输赢机制、多种玩法为必备属性。游戏必须具备以上功能，并且使机制与玩法具有合理的逻辑性，使之适合游戏本身玩法与玩家。

②期望属性（O）。

实现程度越高，质量越好，用户的满意度会越高。

当提供这类需求时，用户满意度会提升，当不提供此需求时，用户满意度会降低。它是处于成长期的需求，是客户、竞争对手和企业自身都关注的需求，也是体现竞争能力的需求，对于这类需求，企业的做法应该是注重提高这方面的质量。

在此调研结果中，线上模式、需要一定的知识储备为期望属性。要注重线上模式构建的质量，包括界面设计、使用逻辑与行为习惯，并建立反馈机制。以知识储备为门槛，使玩家们找到共同话题，增加玩家们的获得感，同时要保证使用知识的准确性。

③魅力属性(A)。

用户没想到但是有潜在需求的功能。

魅力属性需要挖掘或洞察，若不提供这类需求，用户满意度不会降低，若提供这类需求，用户满意度会有很大的提升。

当用户对一些产品没有明确的需求时，企业会提供给顾客一些完全出乎意料的产品属性或者服务行为，使用户产生惊喜，用户就会表现出非常满意，从而提高用户忠诚度。

在此调研结果中，游戏时间限制、卡牌大小型号、卡牌装饰风格、多人游戏、文化属性为魅力属性。给游戏增加时间限制，能提升游戏的娱乐性和挑战性，增加游戏节奏感。提供不同大小型号的卡牌，以满足老人的游戏手感与视力要求。提供不同的装饰风格，给卡牌增加审美方面的附加属性。构建卡牌的多人游戏玩法，使游戏增加社交属性，增加变化的可能性，同时能使老人可能孤独的内心得到慰藉。卡牌的文化属性为游戏内容的基础属性，本卡牌使用成语作为游戏内容，增加了用户的文化认同感，从不同文化角度拓宽内容，能在探索游戏内容的同时为老人的益智锻炼提供帮助。

④无差异属性(I)。

对提高用户满意度和减少用户不满都没有明显影响。

无差异属性是用户根本不在意的需求，对用户体验毫无影响。无论提供或者不提供此需求，用户满意度都不会改变，对于这类需求，企业的做法应该是尽量避免。

在此调研结果中，可视化、难度调节、成语解释、磨砂材质、加厚处理属于无差异属性。在卡牌乐龄游戏方面，棋牌物理性质如卡牌材质、厚度等已有固定范式，从此次调研结果来看不需要针对此内容加以改进以迎合用户体验。难度调节、成语解释属于游戏的附加属性，应更注重游戏本身内容和玩法的改进。

⑤反向属性(R)。

用户根本没有此需求，提供后用户满意度反而下降。

在此调研结果中，锻炼身心属于反向属性。在假设本功能时，研究者认为在娱乐的同时能够锻炼身体、益智会受到调查对象的认可，可能属于游戏的优势。但从调研结果来看，调查对象认为并没有在娱乐的同时锻炼身心的需求，因此应不提供该项功能，研究者应认真反思背后原因。

5. 满意度指数分类结果

由于卡诺模型分类结果只考虑每个题项中被选频数最高的指标的质量属性，忽略了指标之间的相互影响，因此引入满意度指数模型即 Better-Worse 系数图（图 4-7），以计算功能的有无对提高用户满意度和防止用户不满的效果，表明各功能对用户整体满意度的影响，显示对整体数据的相对情况。

$$Better=(A+O)/(A+O+M+I)$$

Better 表示提供某项功能对提高用户满意度的效果，为 0~1 的正值，值越大表示该功能对提高用户满意度的作用越大。

$$Worse=(O+M)/(A+O+M+I)\times(-1)$$

Worse 表示提供某项功能对防止用户不满的效果，为-1~0 的负值，越接近-1 表示提供该功能对防止用户不满的效果越好。

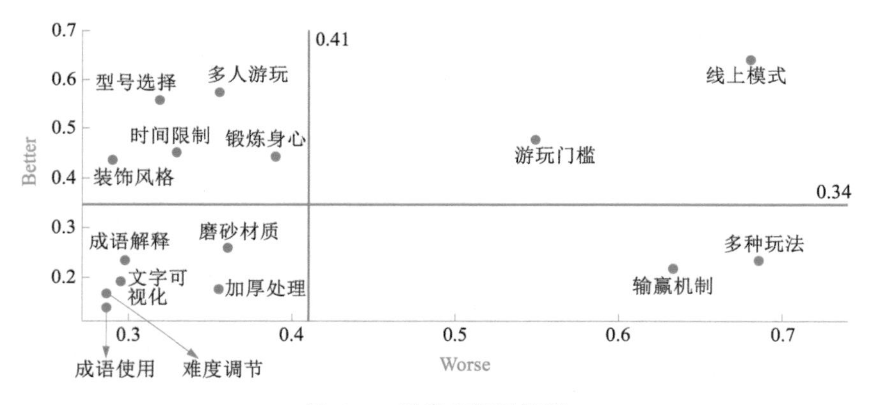

图 4-7 满意度指数模型

Better-Worse 系数图展示了各功能的坐标情况，横坐标为 Worse 绝对值，纵坐标为 Better 值，以两指标的平均值划分象限。

功能的 Better 值越高，对提升用户满意度的作用越大；功能的 Worse 绝对值越高，对防止用户不满的作用越大。

第一象限中功能的 Better 值和 Worse 绝对值的绝对值都高，说明该象限服务内容的满足程度越高，对提升用户的满意度和防止用户不满的作用都很大，应该被优先满足；第二象限中功能的 Better 值低，Worse 绝对值高，说明该象限的服务内容能有效防止用户不满，但对于提高用户满意度没有明显作用；第三象限中功能的 Better 值和 Worse 绝对值都低，说明此象限的服务内容对于提高

用户满意度和防止用户不满都没有太大作用；第四象限中功能的 Better 值高而 Worse 绝对值低，此象限的服务内容对于提高用户满意度的作用较好，对于消除用户不满没有明显作用。

总体上说，卡牌类乐龄游戏可以根据具体目标有侧重地提供功能，如果游戏的优化目标是减少用户不满，应优先提供第一、二象限的功能；如果游戏目标是提高用户满意度，应优先提供第一、四象限的服务内容。

6. 结果讨论

将调研结果代入 KANO 模型评价体系可得到卡牌乐龄游戏可用性对能力衰退型老人满意度影响结果(图 4-8)。从图 4-8 中可得线上模式、输赢机制、多种玩法、时间限制、难度调节属于卡牌乐龄游戏可用性的有效性角度，其中两个必备属性均在此列；无差异属性分列于效率、易用性与吸引力方面。由此可见，在本研究涉及的调研范围内，卡牌乐龄游戏可用性中的有效性内容对能力衰退型老人满意度影响较大。

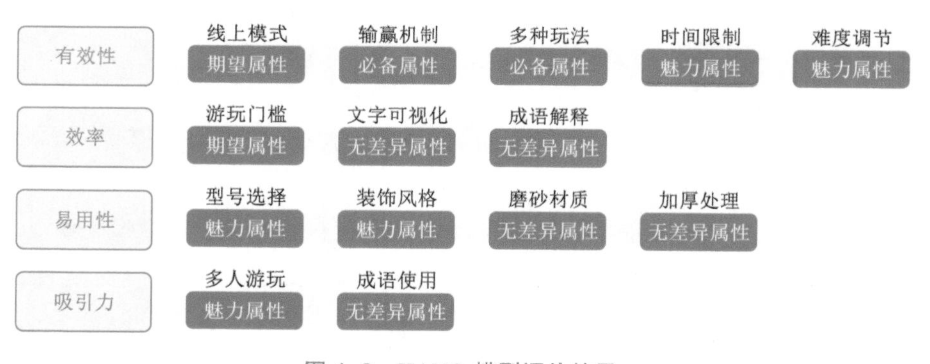

图 4-8　KANO 模型评价结果

（来源：中南大学　马雯霄、迟文欣）

第五节　焦点小组

焦点小组是一种非正式的访谈方法，一般有一个固定的主题，由 6~8 人的同类用户组成的一个多交流小组，用结构化的方式研究用户的感觉、态度等。其间，按照规定的流程有序地提供信息。

主持人要带动现场气氛，适当暖场。在焦点小组访谈中，访谈主持人需要通过适当的暖场活动，调动被访谈者的积极性，使得访谈能够顺利进行。暖场活动可以是谈论一些轻松的话题，或者是玩与访谈主题相关的小游戏，目的是让被访谈者放松心情，更愿意参与访谈。并且在焦点小组访谈中，被访谈者的性格特点会对访谈效果产生重要影响。性格活泼、敢于表达自己观点的被访谈者，能够为访谈提供更多的信息和观点，因此主持人应尽量消除被访谈者的紧张情绪，鼓励被访谈者多多表达，表达内容无对错之分。

一、焦点小组的实施

(1)明确访谈目的：在进行焦点小组访谈之前，首先需要明确访谈目的。这包括了解被访谈者对某一产品、服务或现象的看法、态度和行为等。明确访谈目的有助于制订有针对性的访谈大纲。

(2)制作访谈大纲：访谈大纲是访谈的指导性文件，其中包括访谈的结构、需要观察的点、需要提问的内容等。制作访谈大纲时，要确保大纲的内容与访谈目的相符，以保证访谈的顺利进行。

(3)选场地：选择合适的访谈场地是保证访谈效果的重要因素。场地要求安静、舒适，避免干扰。同时，要考虑访谈场地的大小、布局和设施等，以满足访谈的需要。

(4)访谈：在访谈过程中，主持人首先要进行自我介绍，然后邀请被访谈者进行自我介绍。接下来，主持人要向被访谈者描述访谈的规则，确保访谈的秩序。访谈时要注意提问顺序，应从一般性问题逐渐深入，让被访谈者充分表达自己的观点。在访谈结束时，主持人要对被访谈者的参与表示感谢。

(5)访谈记录：在访谈过程中，记录员要详细记录被访谈者的观点、看法、态度、心理活动和表情等信息。记录时要保证信息的真实性和准确性，以便后续的数据整理和分析。

(6)数据整理：访谈结束后，要对记录的数据进行整理。整理数据时要对被访谈者的观点进行归类、总结，提炼出有价值的信息。数据整理的结果可以作为研究报告的依据，为企业或研究机构提供决策参考。

二、焦点小组的优缺点

相比于用户访谈，焦点小组中被访谈者之间的互动可以促进观点的发散，使得更多的观点和想法被提出。同时，被访谈者之间的相互启发，也可以使得访谈结果更加丰富和深入。

被访谈者之间的观点可直接进行对比。在焦点小组访谈中，被访谈者之间的观点可以直接进行对比，这有助于发现不同观点之间的异同，进一步理解被访谈者的观点和态度。

但过多的交流也会造成被访谈者之间的意见相互影响。这可能导致一些被访谈者改变自己的观点，或者不愿意表达自己的真实想法。

数据相对主观，不利于定量分析，研究结果偏定性。焦点小组访谈的结果主要是定性的，被访谈者的观点和态度等数据相对主观，这可能会对定量分析造成一定的困扰。

访谈时间有局限性，过程不可控，可能发生冲突或隐瞒想法。焦点小组访谈的时间通常有限，这可能导致一些被访谈者没有足够的时间来表达自己的观点。同时，访谈过程是相对不可控的，可能会出现一些冲突，或者被访谈者隐瞒自己的真实想法。

三、焦点小组的记录内容及种类

（一）记录内容

（1）被访谈者的基本个人信息：包括被访谈者的性别、年龄、职业、教育程度、家庭背景等，这些信息有助于了解被访谈者的社会属性，以便对比和分析不同群体之间的观点和态度。

（2）被访谈者的观点和看法：这是焦点小组访谈的核心内容，包括被访谈者对某一产品、服务或现象的看法、态度和评价等。这些观点和看法可以帮助企业或研究机构了解用户的需求、期望和痛点，为决策提供依据。

（3）被访谈者的行为和习惯：包括被访谈者在日常生活中的一些行为习惯，如购物、娱乐、消费等。这些信息有助于了解被访谈者的生活方式，进一步分析其需求和行为动机。

（4）被访谈者之间的互动数据：在焦点小组访谈中，被访谈者之间的互动也是重要的数据来源。这些互动数据包括被访谈者之间的讨论、观点碰撞、共识和分歧等，可以帮助分析不同观点之间的关联性和影响力。

（4）访谈过程中的氛围和情绪数据：访谈过程中的氛围和情绪数据也是重要的信息来源。这些数据可以通过观察被访谈者的表情、语言、语气等来获得，有助于了解被访谈者对访谈主题的真实态度和情感。

（二）访谈记录

（1）记录员记录的笔记：记录员在焦点小组访谈过程中，应对被访谈者的观点、看法和态度等进行实时记录。这些笔记是第一手资料，具有较高的真实性和准确性。

（2）观察员记录的笔记：观察员在访谈过程中，对被访谈者的言行举止、情绪表现等进行观察和记录。观察员的笔记可以提供对被访谈者言辞背后的真实态度和情感的洞察。

（3）汇总讨论会的笔记：在焦点小组访谈结束后，组织者会与参与者进行汇总会议，对访谈结果进行讨论和总结。汇总讨论会上的笔记可以记录参与者的共识、分歧和进一步的建议。

（4）调研录制的音频/视频：在焦点小组访谈过程中，通常会进行音频/视频录制，以方便后续的数据分析和研究。这些音频/视频资料可以提供对访谈过程的全面记录与呈现，确保数据的真实性。

（5）音频/视频的转录文件：如果访谈的音频/视频资料可用于转录，那么可以将这些资料转化为文本格式，方便进行数据分析。转录文件应保持原始资料的真实性和准确性。

（6）参与者的笔记：在焦点小组访谈过程中，参与者可能会自己记录一些观点、想法和问题等。这些笔记可以提供参与者对访谈主题的深入思考，进一步丰富数据来源。

四、研究案例

年轻人喜欢的色彩调研

1. 活动目的

（1）了解年轻人对色彩和家电产品的看法。

（2）对色彩问卷中的“色彩看板”和“产品风格看板”进行更详细的了解和访谈。

2. 活动准备

(1) 征集意向人群。

通过问卷征集意向人群。在发放问卷的同时，对有意向者发出线下焦点小组活动邀约。有意向者可加入焦点小组征集微信群，随时关注活动安排。

(2) 筛选意向人群。

通过后台整理问卷信息，对征集到的意向人群做筛选(根据其平时购买的家电类型和人物性格进行筛选)。

3. 活动进行

(1) 活动规则。

主持人提出问题或展示实体看板，被访谈者通过口述的方式表达观点，强调观点无对错的原则。

(2) 时间。

第一场：2023 年 10 月 24 日，14：30—17：00。

第二场：2023 年 10 月 25 日，10：00—12：00。

(3) 地点。

中南大学建筑与艺术学院艺术之家活动室。

(4) 工作人员设置。

校企合作团队全体成员、每场 5 人(主持人 1 位、记录员 2 位、现场协调人员 2 位)。

(5) 被访谈者人数。

16 人(8 人/场)。

4. 环节一：问题讨论(60 分钟)

主持人抛出与“色彩”和“个人购物习惯”相关的问题，被访谈者以口述的方式表达自己的观点。

(1) 色彩相关。

询问与色彩相关的问题，探究个人对色彩的喜好和看法。

你喜欢什么样的颜色?

你喜欢什么样的色彩搭配?

你认为颜色是否会影响你的情绪或购买动力?

你认为颜色会有特定的寓意吗?

(2) 流行色相关。

你如何看待现在的流行风格(国风、多巴胺色系)?

你认为现在的流行色是什么?

你从哪些途径了解流行色?

你对流行色的理解?

(3)产品选择相关。

询问与品牌和产品相关的问题,了解年轻人购买产品时的选择偏好,以及对目前产品和品牌的看法(图4-9)。

你喜欢什么品牌?

你有因为颜值购买过任何产品吗?

你最近购买或者拥有的小家电是什么?

你有什么喜欢的家电品牌吗?为什么?

你知道小熊这个品牌吗?你对它有什么印象或看法吗?

年轻人眼中的礼品属性产品是什么样的?(应该具备哪些特性)

你一般会选择什么类型的产品作为礼品?(日用品、服饰类、个人电器等)

选择的影响因素有哪些?(价格、包装、颜值、性价比、对方喜好等)

你希望生活电器产品有哪些材质或颜色创新吗?

你对目前的产品体验有什么想吐槽的吗?

图4-9 现场记录图

5.环节二:看板选择(60分钟)

主持人展示系列图片,被访谈者根据偏好进行选择(投票画“正”字,每人5票),并阐述选择的理由(图4-10)。

展示的色彩和产品风格看板是问卷中的热门看板。

图 4-10　现场记录图 2

6. 焦点小组用户画像

被访谈者信息：通过整理调研数据，我们发现新一代年轻人注重生活方式、关注自身需求，拥有较高的消费能力，也愿意为品质、为热爱买单。购买决策前喜欢看网上“种草”、看评论，多数愿意尝试新事物。

用户访谈标准总数：16 人。

城市：湖南省长沙市。

学历：本科/硕士。

专业：艺术类/理工类/文史类。

年龄：18~26 岁。

购买力：中等以上，购买时性价比为第一考虑因素，注重颜值、使用体验、不刻意关注技术首发。

对本品牌印象：操作体验好、值得信赖、产品质量好、性价比高。

将上述信息可视化处理，具体见图 4-11。

焦点小组用户画像

受访用户信息：通过整理调研数据，我们发现新一代年轻人注重生活方式、关注自身需求，拥有较高的消费能力，也愿意为品质、为热爱埋单。购买决策前喜欢网上种草、看评论，多数愿意尝试新事物。

用户访谈标准总数：16人
城市：湖南省长沙市
学历：本科/硕士
专业：艺术类/理工类/文史类

年龄：18~26岁
购买力：中等以上，购买时性价比第一，购买时选择颜值、使用体验、不刻意关注科技技术首发

对本品牌印象：操作体验好、值得信赖的、产品质量好、性价比高

追求品质注重颜值
- 人群特征
18~26岁| 感性和理性并存，可以经济独立，也能飞蛾扑火
别想PUA他们
- 品牌偏好关键词
娱乐主力军 注重产品质量 品牌幸福感
颜值主义 流行色彩 品牌形象年轻化
- 品牌偏好
小米、米家、九阳、美的
- 色彩关注&偏好
流行色：不关注/关注，但不会购买
暖色调(奶油菠萝/芋泥波波/软糯椰蓉/云舒烂漫/粉沙世界……)
- 媒介触点
小红书

推崇潮流心系经典
- 人群特征
18~22岁|尤为喜欢新兴潮流元素又将经典结合
品牌结合潮元素重新焕发了新机
- 品牌偏好关键词
品牌认同感 注重产品质量 品牌幸福感
品牌酷感 品牌形象年轻化 经典品牌
- 品牌偏好
小米、米家、松下、苏泊尔、飞科
- 色彩关注&偏好
流行色：关注，但不会购买/关注并且会购买流行色彩
暖色调(奶油菠萝/芋泥波波/云舒烂漫/粉沙世界……)
- 媒介触点
小红书

小众个性圈层
- 人群特征
18~22岁| 越是小众，越是个性
各种圈层文化崛起
Z世代沉浸在精神和物质的battle里
- 品牌偏好关键词
- 品牌偏好
小米、米家、小熊、美的、苏泊尔
- 色彩关注&偏好
流行色：关注并且会购买流行色彩
暖色调(奶油菠萝/芋泥波波/云舒烂漫/粉沙世界……)
- 媒介触点
小红书

图 4-11　焦点小组用户画像

7. 焦点小组讨论总结

关于个人色彩偏好：

· 暖色系，温馨风，舒适。

· 低饱和的配色、莫兰迪色、小清新风格。

· 黑白灰色系，保险不出错。

· 深沉的颜色、饱和度低。

· 暖色调高饱和色彩的家电点亮空间。

· 随心而定，喜欢的颜色不定，依据心情状态改变。

关于流行色：

· 流行风格对我没有影响，仅觉得新颖，去探店，但不会去买相关颜色产品。

· 会考虑流行色，选择在日常使用中不会特别突兀的国风服饰及其他小物件。

· 会在流行风格的基础上选择自己喜欢的颜色。

关于产品品牌偏好：

· 不会专门关注品牌，会在搜索时看销量与评价。

· 会因为一款产品而喜欢一个品牌。

· 会看网上的测评(但很多是软广，也不太相信)。

· 只关注技术，不太关注颜色。

· 与 IP 联名的产品，如果是喜欢的 IP，会选择购买。

· 为环保买单，选择无氟的空调，价格更高。

· 会考虑家里人给的建议，会用列表方式进行多方面比对。

关于送礼产品：

· 男女生送礼不同，男生注重实用性，女生喜欢惊喜感和精致的包装。

通过访谈及问卷调查了解年轻人的色彩倾向，我们对年轻人最喜欢的排名前 5 种色彩风格及其关于各风格的观点进行可视化表达，具体见图 4-12。

焦点小组统计 颜色看板风格观点

图 4-12　用户色彩风格观点汇总

第六节　模拟体验

一、角色扮演

角色扮演是让使用者(设计人员/测试人员)扮演某一角色(或者本身符合角色要求)完成某个任务，模拟真实情况下的感知与体验，研究者观察模拟者的完成情况或总结模拟者对任务的感受、评价等反馈信息。

这种方法相对来说成本较低且投资较少，可以帮助产品设计者理解用户需求，构建或改进用户模型，促进产品的概念形成，发现产品或功能的可用性问题，评价产品或服务的满意度，指导设计策略的确定。

通常情况下，安排角色扮演比较容易，只需要房间里面有人就可以。但如果要求环境背景更复杂，就需要采用模拟活动；如果要求扮演更严谨，要产生创意性概念，就需要采用身体风暴方法。在角色扮演或者模仿用户使用场景时，需要介绍一下整体情况或者提出建议，以需要采取的行动、完成的任务、达成的目标为指导。然后，扮演者开始扮演各自的角色，其中包括用户和利益相关者。

首先，需要注意的是在角色扮演方法应用过程中，需要保持不同团队之间的沟通。角色最早被使用的时候，并非所有团队成员都可以很快地接受虚拟人物对他们所设计的产品所提出的意见。其次，需要避免角色的脱离。很多工作团队在产品开发过程中会渐渐忘记角色的存在，当产品完成的时候，才发现产品中的一些功能已经远远背离角色的特征。最后，在角色使用过程中应尽量避免个人偏见对角色的影响。当产品或产品功能发生改变的时候，用户角色需要随着产品或产品功能的需求变化不断变化。

通过角色扮演了解用户体验的案例有很多，最早在1979—1982年间，时年20多岁的年轻工业设计师摩尔（Patricia Moore）对自己的关节、听力、视力等进行人为限制后，扮成一位老妇人游历北美，在此过程中她经常遭到虐待和边缘化，并受到各种歧视。这个社会实验的发现对美国通用设计运动产生了巨大的影响。随着技术发展，相关设备更新，角色扮演发展到现在更多的是将测试放在实验室中，通过场景搭建、量化数据等方式获取更全面科学的结果。

二、用户场景法

场景是用户研究的另一个分析工具，创建的场景是虚构的、关于一个或多个用户角色扮演的“故事”。其本质是创建一个有人物角色活动的社会环境，如同真实物理世界，而不是从数据收集中提取并预测用户的特征和行为。从用户角度出发，思考某一场景可能发生的行为及心理预期，对各种行为和预期进行总结和归纳，分析事件的最终结果，从而用来发现需求中存在的问题。人物角色的存在会延展出更多行为可能，场景也更容易被理解，因为这些都是以故事的形式来描绘的。场景由研究者、设计者做出假设，从场景出发完成核心业务问题梳理，有观点认为用场景来理解现实生活会产生误差，因为场景分析无法给出用户在产生行为前的心理活动，尤其是对一些简单、趋于本能的行为。总体而言，用户场景法虽然不可能完全实现需求覆盖，但是可以有效地避免需求黑洞。

（一）用户场景的特点

（1）承认未来的发展是多样化的。用户场景应考虑到未来发展的多种可能性，并针对不同的发展趋势进行规划和设计。这可以帮助产品团队更好地应对市场变化，提高产品的适应性和竞争力。

（2）承认人在未来发展中的能动作用。用户场景应重视用户在未来发展中的主动性和创造性，充分挖掘和发现用户需求和行为的变化趋势。这有助于产品团队更好地满足用户需求，提升用户满意度。

（3）融合定性和定量分析于一体。用户场景应综合运用定性和定量分析方法，以全面、深入地了解用户需求和行为。这可以帮助产品团队更好地把握用户场景，完善产品的用户体验。

（4）具有心理学、未来学和统计学等学科的特征。用户场景分析涉及心理学、未来学和统计学等多个学科的知识和方法，需要进行跨学科的综合分析和研究。这可以帮助产品团队更好地理解用户需求和行为，提升产品的设计和运营效果。

（二）用户场景的搭建

1. 基于事件流和时间线的场景建立

在用户场景中，事件流是指用户在与产品或服务互动时产生的一系列动作或事件的记录。这些事件按照发生的时间顺序排列，可以用来分析和理解用户的行为模式、偏好和需求。事件流分为两种：主要流线和备选流线。首先，需要根据产品或服务的说明，详细描述出程序或活动的基本流程和各项备选流程。这个步骤中相关人员需要梳理出整个流程中的关键事件和决策点。然后，基于基本流程和各项备选流程，可以生成不同的测试场景。这些场景应该覆盖所有的可能路径和决策点。对于每一个生成的测试场景，需要根据场景的具体情况生成相应的测试用例，测试用例应该明确测试的目标和预期结果。最后，需要对所有生成的测试用例进行复审，去掉重复或多余的测试用例，为每一个测试用例确定测试数据值，以便进行实际的测试。

例如，在使用打车软件叫车时，基本流程可能包括打开App、确认叫车、等待司机接单、司机到达、行程开始、行程结束、支付等步骤。备选流程可能包括司机取消接单、乘客取消订单、支付失败等。根据这些基本流程和备选流程，可以生成不同的测试场景，如正常叫车流程、司机取消接单流程、支付失败流程等。然后，为每个测试场景生成相应的测试用例，并确定测试数据值。

2. 基于产品使用的情境线

情境故事法，也被称为剧本导引法，是一种产品设计的方法论。这种方法通过构建情境故事，理解和设计产品在使用情境中的行为和功能。情境故事的架构包含以下四个基本元素：人、境、物、活动。

人：指的是使用产品或服务的主要用户，也可以包括其他与产品使用相关的角色，如服务员、维修人员等。人的描述应包括基本信息（如年龄、性别、职业等）和行为特征（如使用习惯、需求等）。

境：指的是产品或服务被使用的具体环境或情境。境的描述应包括环境背景（如时间、地点、天气等）、社会文化背景（如社会习俗、文化差异等）和任务背景（如用户使用产品或服务的目的、任务流程等）。

物：指的是用户在使用产品或服务过程中可能使用或接触到的其他物品或工具。物的描述应包括物品的性质（如实体的物品、虚拟的物品等）、功能（如用户如何使用这些物品）和状态（如物品的新旧程度、可用性等）。

活动：指的是用户在使用产品或服务过程中的具体行为和动作。活动的描述应包括用户的行为（如操作、交流等）、动机（如用户为什么要进行这个行为）和结果（如行为的结果、用户的反馈等）。

三、角色扮演和用户场景的比较

为便于读者更清晰地掌握模拟体验研究方法，我们将用户角色扮演与用户场景以表格形式进行比较（表4-4）。

表 4–4　用户角色扮演和用户场景的比较

参数	用户角色扮演	用户场景
优点	1. 利用角色化解设计师对设计的偏激主观想法 2. 适应语言习惯的存在 3. 角色可以使用到剧本中	1. 能很好地对未来的情况进行预测 2. 能将产品的重要影响因素放在一起，对它们进行协调处理与分析 3. 逻辑性很强
缺点	1. 角色难以让人信服 2. 角色的传达沟通工作要额外花费人力 3. 没有真正认识到如何使用角色模型 4. 角色之间可能是相互冲突的 5. 使用角色法需要足够的资源支持，包括高层支持、人力资源和预算等	1. 过程复杂 2. 近期效果不显著 3. 受到公司传统模式的制约

四、研究案例

饮茶场景分析与饮茶行为流程分解

从前期调研及问卷中获得了有关饮茶人群的定量数据信息，但问卷调研得到的信息有时无法真实反映调研对象的动态行为、情感、饮茶氛围等。为了弥补调研问卷的不足，在关于“行为”要素的研究中引入了观察法，以期还原真实的饮茶场景。

为了提取用户一般饮茶流程，进行了资料采集。通过对用户饮茶行为的观察与记录，了解用户的日常饮茶活动和流程，发现饮茶过程中用户的隐性需求。基于前期调研，本研究共对 8 位用户进行入户调研和室内场景的拍摄，并依据受访者的饮茶原因，将用户划分为三种主要类型：生活日常型、休闲娱乐型及交友会客型。

以上三种类型受访对象的饮茶行为分别发生于不同的饮茶场景中：生活日常型用户常在家中饮茶，休闲娱乐型用户喜欢去茶馆或会所饮茶，而交友会客型用户通常在自己的商铺中以喝茶的形式招待顾客。以下将对每个类型用户的饮茶场景进行分析，并记录场景中用户的各种饮茶行为（场景图片拍摄于以上 3 位典型用户的饮茶空间，为保留隐私，已将用户面部进行马赛克处理）。

1. 生活日常型用户饮茶场景分析

对于生活日常型用户，其饮茶过程主要包括清洗茶具、烧水、整理器具、取茶、泡茶、品茶及收拾残渣等行为(表4-5)。在该过程中接触到的家具主要是茶桌、茶沙发、橱柜、洗碗池。该类型用户在饮茶前往往需要到厨房用热水壶煮水，为泡茶做准备。饮茶已经成为他们的生活习惯，他们几乎每天都泡茶喝，频繁的泡茶常使他们来不及清洗前一次泡茶时使用过的器具，从而堆积在洗碗池中。他们会利用烧水后至水沸腾的这段时间，将堆积在洗碗池里的茶具拿出来清洗干净，再将其放置在客厅的茶桌上，待厨房的水烧沸，将热水壶一并拿到茶桌上，以备沏茶时使用。接下来就是在茶桌上进行泡茶的程序：首先将洗好的茶具用沸水烫一遍，进行温杯；然后从茶罐中取出茶叶放入茶壶中，倒入沸水沏茶；待茶叶与水充分接触之后，再将茶壶中的茶汤倒入杯中品尝。在饮茶过程中，他们常采用坐姿，或倚靠在沙发上，有时也会在家中端着茶杯四处走动。饮茶完毕后，将茶叶废渣倒入卫生间，并将使用过的茶具放在厨房洗碗池里，待到下次使用时再清洗(图4-13)。

表4-5　生活日常型用户场景分析

行为动机	家具对象	行为动作描述
清洗茶具	茶桌-洗碗池	1. 到厨房将堆积在洗碗池里的茶具拿出来一个个清洗 2. 茶具无固定存放地点，摆放时杂乱无章
烧水	橱柜-茶桌	1. 茶桌上没有可以烧水的设备 2. 走到厨房，用热水壶烧水，准备泡茶
整理器具	茶桌-茶沙发	1. 将准备好的茶具整齐放置在茶桌上 2. 将烧好的热水连同水壶一起放置在茶桌上 3. 将洗好的茶具用沸水烫一遍，进行温杯
取茶	茶桌-茶沙发	1. 在茶沙发靠近茶桌部位，采用坐姿或下蹲姿势 2. 从茶罐中取出茶叶,放入茶壶中
泡茶	茶桌-茶沙发	1. 取热水壶，倒入沸水沏茶 2. 饮茶空间有限，工作台面通常是一物多用的桌子
品茶	茶沙发	1. 将茶壶中的茶汤倒入杯中，进行品茶 2. 饮茶时常采用坐姿，有时候也会倚靠在沙发上 3. 饮茶过程中不会在一个地点停留太长时间，常在家中走动，有时也会逗逗猫

续表 4-6

行为动机	家具对象	行为动作描述
收拾残渣	茶桌-洗碗池	1. 品茶完毕，将茶叶废渣倒进卫生间 2. 将使用过的茶具放在厨房洗碗池，等待下次使用时清洗

图 4-13 生活日常型用户饮茶场景

2. 休闲娱乐型用户饮茶场景分析

对于休闲娱乐型用户，其饮茶过程中的活动主要包括调整穿着以适应茶室温度、观赏茶具、闻香、品茶、交流、娱乐及续盏等(表 4-6)。在该过程中主要使用到的家具是茶桌、茶椅、博古架、屏风。由于该类型用户的饮茶地点多在茶馆、会所等人群比较密集的消费场所，场所人员会对茶室空间的温度进行控制以保证舒适度，因此在进入茶室之后，饮茶者需要调整穿着以适应茶室温度，脱下来的衣物则会被他们随手放置于茶椅上。进入茶室，找到合适的位置入座，双腿交叉放置，上半身倚靠在茶椅上，状态十分轻松。在饮茶之前，他们会先洗手、观赏茶具，为品茶营造一个轻松愉悦的气氛；茶事活动开始后，便会采用较为端正的坐姿。在喝茶时他们也比较讲究，先是双手从烹茶者手中接过装有茶汤的器具，在鼻前来回晃动以闻香，脸上露出十分享受的表情；然后低头闭眼，用嘴唇轻酌茶汤以品尝；过后则将茶杯放置于茶桌上，与身边的朋友进行交谈。在饮茶的过程中，他们也会不时把玩一下茶桌上的茶宠或是茶器具，观察各种状态下茶器具的变化，并从中找到乐趣。若是杯盏中的茶汤不够，则双手奉回，以示意烹茶者需要添加茶汤(图 4-14)。

表 4-6　休闲娱乐型用户场景分析

行为动机	家具对象	行为动作描述
适应茶室空间温度	茶椅-博古架	1. 茶馆、会所内与室外温度有温差，饮茶者调整着装以适应茶室内温度 2. 换下的衣物没有地方放置，常挂于椅子靠背之上
观赏茶具	茶桌-茶椅	1. 双腿交叉，上半身倚靠在茶椅上，状态轻松 2. 洗手，赏茶具，为品茶营造一个轻松愉悦的气氛
闻香	茶桌-茶椅	1. 双手接过装有茶水的器具 2. 将盛有茶汤的茶杯在鼻前来回晃动以闻香
品茶	茶椅	1. 采用较为端正的坐姿闭眼低头，品尝茶汤 2. 品尝后身体呈放松状态，倚靠在茶椅上
交流	茶桌-屏风	1. 将茶杯放置于茶桌上，与周围的朋友进行交谈 2. 需要一个不被打扰、相对独立的环境
娱乐	茶桌-茶椅	1. 把玩茶桌上的器具或是茶宠
续盏	茶桌-茶椅	1. 将空茶杯递给烹茶者，加茶汤

图 4-14　休闲娱乐型用户饮茶场景

3. 交友会客型用户饮茶场景分析

对于交友会客型用户，其饮茶过程主要包括煮水、烫杯温壶、取茶叶、洗茶、冲泡、分杯、玉液回壶、分壶、奉茶、品茶及交谈等行为（表 4-7）。在该过程中使用到的家具是茶桌、茶椅、屏风。该类型用户对茶艺程序比较了解，会按照茶艺步骤进行烹茶，姿态优美，既是烹茶者也是品茶者。他们需要将泡茶的一系列动作都在同一位置完成，常采用一体式电磁炉并连接饮水桶，以为茶事活动提供热量与纯净水源。首先利用该电磁炉进行煮水，并将茶具集中放置在盛水的较大不锈钢容器中一并加热，煮沸消毒。然后将茶具取出，整齐放置，用沸水冲洗，预热器具。再用茶勺从茶罐中取出适量茶叶加入茶壶，倒入沸水使其与茶叶适当接触后迅速倒出，并再次加入沸水冲泡。随后用茶夹将茶杯分为闻香、品茗两组，放于茶托上，并将壶中茶水倒入公道杯。最后，将茶汤从公道杯倒入闻香杯，并双手奉予客人，将茶斟七分满，以表达对客人的敬意。待客人饮茶后自己再拿起茶杯，与客人一起品尝茶汤，同时进行交谈，且在交谈过程中还需要随时关注客人的茶汤是否饮尽，并在适当时候为其加茶（图 4-15）。

表 4-7　交友会客型场用户场景分析

行为动机	家具对象	行为动作描述
煮水	茶桌	1. 用茶桌边的电磁炉煮水 2. 将茶具放置在一个较大的盛有热水的容器里
烫杯温壶	茶桌-茶椅	1. 将茶具从容器中取出 2. 用开水冲洗茶具，预热器具
取茶叶	茶桌-茶椅	1. 用茶勺将茶叶从茶罐中取出 2. 将适量茶叶放入茶壶中
洗茶	茶桌-茶椅	1. 将沸水倒入壶中，使其与茶叶适当接触后迅速倒出
冲泡	茶桌-茶椅	1. 再次加水沏茶
分杯	茶桌-茶椅	1. 用茶夹将闻香杯、品茗杯分组，放于茶托上，便于加茶
玉液回壶	茶桌-茶椅	1. 将壶中茶水倒入公道杯
分壶	茶桌-茶椅	1. 将茶汤倒入闻香杯，茶斟七分满，表达对客人的敬意
奉茶	茶椅	1. 将茶杯双手奉予客人
品茶	茶桌-茶椅	1. 拿起茶杯，与客人/友人一起品尝茶汤

续表 4-7

行为动机	家具对象	行为动作描述
交谈	茶桌-茶椅-屏风	1. 与客人/友人进行交谈 2. 同时，待客人/友人饮尽时为他们加茶

图 4-15　交友会客型用户饮茶场景

4. 用户饮茶行为流程分解

人的需求会产生动机，而动机会导致行为的发生。用户在与茶室空间或是茶家具交互的过程中，常会无意识地产生一些共性现象，从而导致一系列相类似的问题发生，有些会被用户忽略甚至是习以为常。我们可以通过观察，记录用户饮茶行为中的细节，将一些对人们生活不产生重大影响从而被人们忽视的问题和困惑挖掘出来，将其作为茶家具设计的隐含需求予以关注。

通过对饮茶行为的观察，我们总结出了用户的一般饮茶流程(图 4-16)，而在该流程的每个步骤中，用户都会产生一定需求，于是可将用户饮茶行为流程进行分解，以用户行为为线索，归纳总结用户在饮茶过程中遇到的问题及衍生的需求(图 4-17)。

调研过程中我们还发现，用户在进行饮茶活动时，还会附加一些其他活动，如看书报、下棋、聊天、吃点心、听音乐、看电视等，因此我们在茶家具设计时也应该对这些行为活动加以关注。

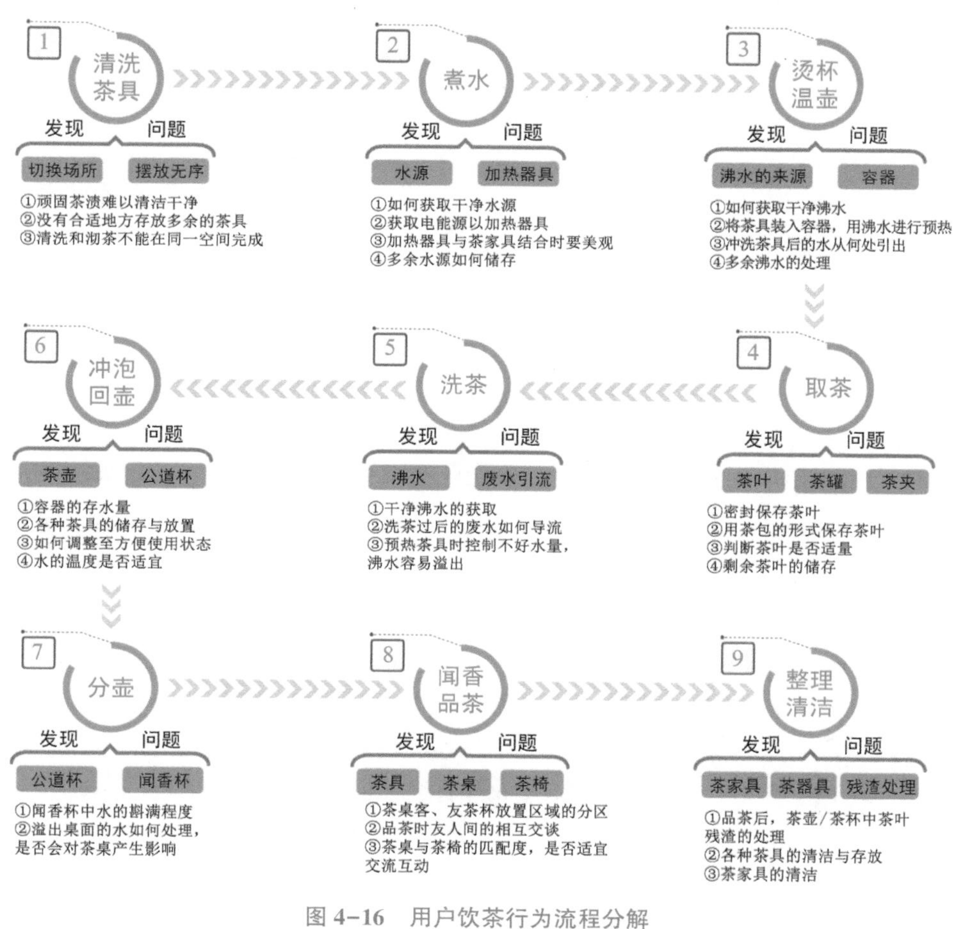

图 4–16　用户饮茶行为流程分解

用户饮茶情境整合

生活日常型用户	休闲娱乐型用户	交友会客型用户
易用性+收纳性	舒适性+审美性	便利性+耐用性
a. 将饮茶当成生活习惯，饮茶的频率很高，基本上每天都会喝茶 b. 仅使用较简单的茶家具组合 c. 泡茶工序被缩减，仅保留最基本的工序 d. 饮茶过程中对茶叶关注度最高 e. 泡茶与饮茶过程需要往返于不同的空间 f. 饮茶过程通常伴随其他活动，如看电视、听音乐等	a. 将饮茶、品茶当成高压生活中的休闲方式 b. 常去茶馆或会所，也有部分人在家中备置系列茶家具 c. 对茶艺、茶道、茶文化有过了解，有自己的体会与感悟 d. 品茶过程中长时间处于休息状态，与茶家具交互紧密 e. 喜欢收藏精美的茶器具、字画与古玩等	a. 较多出现在个体户经营的商铺中，常以茶会友 b. 茶室空间较小，且不是专门、独立的空间 c. 饮茶过程中更关注与友人的交流互动 d. 既充当烹茶者的角色，又充当饮茶者的角色 e. 茶家具既要求美观，又要求耐用且使用方便

图 4–17　用户饮茶情境整合

第七节　可用性测试

一、可用性测试定义

可用性测试是一种评估交互式产品或产品质量的重要方法，其主要关注点是用户在使用产品或服务时完成指定任务情况。具体而言，可用性测试通过让用户使用产品或服务的设计原型或成品，观察和记录用户的行为和感受，以发现界面/产品中存在的可用性问题，并根据问题的严重性进行排序和修复。上一节介绍的角色扮演和用户场景也是可用性测试常用方法，本节对于可用性测试方法着重从定量角度介绍。在测试过程中，研究小组会利用应用程序来观察用户体验过程，并收集各种数据，如完成率、出错数、任务时间、满意度等。这些数据可以用于后续的分析工作，以便更好地评判产品、了解用户对产品的满意度，并进行改进。

该方法与其他用户研究方法有许多相同的测试指标，但其独特之处在于重点关注用户和他们完成的任务，以及通过经验证据来提高界面/产品的可用性。总之，可用性测试是一种不可或缺的可用性检验过程，可以帮助设计小组在产品正式推出之前发现和解决可用性问题，从而提高产品的质量和用户满意度。

针对成熟应用程序/产品的评估，可用性测试的研究目的可以细化为以下两点：首先，全面评估界面/产品的可用性与可学习性，以了解用户在使用过程中遇到的困难和挑战，为优化界面/产品设计提供依据；其次，评估界面/产品的用户满意度，以及与竞品的差距，从而找出需要改进的方面，提升界面/产品在市场中的竞争力。

二、可用性测试类型

（一）引导程度的不同

根据引导程度的不同，可用性测试可以分为传统（引导式）可用性测试和在线（非引导式）可用性测试两种类型。

1. 传统（引导式）可用性测试

这种测试通常在实验室环境中进行，需要较小的样本量，通常由 5~10 名参与者组成。测试采用一对一的形式，由一名引导人员（通常是可用性测试专家）与一名参与者进行互动。引导人员会向参与者提出问题，并要求其在相应的产品上完成一系列预定任务。在完成任务的过程中，参与者需要进行出声思维，即口头表达他们的思考过程。引导人员或测试人员会记录参与者的行为和对问题的反馈，以便后续分析。

2. 在线（非引导式）可用性测试

这种测试通常有许多参与者同时进行，可以在短时间内从来自不同地理位置的用户那里收集大量数据。在线可用性测试的准备工作通常与实验室测试相似，包括设置背景或筛选问题、任务和测试后问题等。参与者完成所有事先定义好的问题和任务后，相关数据会被自动收集起来，方便后续分析。这种测试方法的优点是可以覆盖更广泛的用户群体，并且可以在短时间内收集大量数据。然而，由于没有引导人员进行互动，可能会遗漏某些重要信息或反馈。

（二）评估所处的软件开发阶段

根据评估所处的软件开发阶段，可用性测试可以分为形成性测试和总结性测试。

1. 形成性测试

形成性测试是在产品开发的早期阶段进行的可用性测试。它的主要目的是在产品设计过程中发现和解决可用性问题，以提高产品的可用性。形成性测试可以帮助设计师了解用户的需求、期望和偏好，从而指导产品的设计和开发。在形成性测试中，参与者通常会被要求完成一些与产品相关的任务，同时，测试人员会观察与记录参与者的行为、态度和反馈，并根据测试结果对产品进行改进。形成性测试可以重复进行，以监测产品在开发过程中的可用性改进情况。

形成性测试特点：在产品开发的早期阶段进行，目的是发现和解决可用性问题；主要关注产品的设计和功能，以指导产品的进一步开发；参与者数量相对较少，通常为 5~10 人；测试结果用于改进产品设计，提高产品的可用性。

2. 总结性测试

总结性测试是在产品开发完成后进行的可用性测试。它的主要目的是评估产品的整体可用性，以确定产品是否实现既定的可用性目标。总结性测试通常涉及大量的参与者，以确保测试结果的普遍性和可靠性。在总结性测试中，参与者会被要求完成一系列预先定义的任务，同时测试人员会收集参与者的行为数据、反馈和满意度等信息，以评估产品的可用性。总结性测试的结果可以用于指导产品的进一步改进和优化。

总结性测试特点：在产品开发完成后进行，目的是评估产品的整体可用性；主要关注产品的整体性能和用户满意度，以确定产品是否实现既定的可用性目标；参与者数量较多，通常在10人以上，以确保测试结果的普遍性和可靠性；测试结果用于指导产品的进一步改进和优化。

(三)参与可用性评估的人员

按照参与可用性评估的人员划分，可以分为专家评估和用户评估。

1. 专家评估

专家评估是指由可用性专家、设计师或研究人员等具有专业知识和经验的人员对产品进行可用性评估。这些专家具备扎实的专业知识和丰富的实践经验，能够系统地分析产品的设计优劣、功能性和可用性。专家评估可以采用一系列方法，如启发式评估、认知分析、任务分析等。在专家评估过程中，专家会根据他们的专业知识和经验，对产品的可用性进行深入分析和评估，发现并解决可用性问题，提供改进建议。

2. 用户评估

用户评估是指通过实际用户对产品进行可用性评估。用户评估可以采用各种方法，如可用性测试、用户调查、用户访谈等。在用户评估过程中，实际用户会被要求使用产品并完成一系列任务，同时，评估人员会观察和记录用户的行为、态度和反馈，以了解产品的可用性和用户体验。用户评估的优点在于能够直接获取用户的反馈和意见，了解用户的需求和期望，从而指导产品的设计和改进。

三、可用性测试基本流程

(1)确定测试目标：在进行可用性测试之前，需要明确测试的目标，如评估产品的易用性、用户体验、功能与性能等。明确测试目标有助于指导测试的设计和实施。

(2)设计测试任务：根据测试目标，设计一系列与产品相关的任务，以模拟用户在真实使用场景下的操作。任务设计应遵循实际用户的需求和期望，同时覆盖产品的各种功能和特性。

(3)选择测试方法：根据产品的特点、测试目标和资源情况，选择合适的测试方法，如实验室测试、现场测试、在线测试等。不同测试方法有各自的优势和局限性，需要根据实际情况进行选择。

（4）招募参与者：选择具有代表性的参与者，确保测试结果具有普遍性和可靠性。参与者的招募可以通过广告、社交媒体、专业论坛等方式进行。

（5）准备测试环境和材料：根据测试方法，准备测试环境、设备、产品原型或成品等。测试环境应尽量模拟实际使用场景，以便更准确地评估产品的可用性。

（6）实施测试：在测试环境中，让参与者按照预先设计的任务进行操作，同时观察员和评估人员在一旁观察、记录和评估。在测试过程中，可以采用多种方法收集数据，如用户行为观察、出声思维、任务完成时间、用户反馈等。

（7）分析测试结果：在测试结束后，对收集到的数据进行分析，发现产品的可用性问题，以及在用户满意度、用户体验等方面的优势和不足。

（8）提出改进建议：根据测试结果，提出针对性的改进建议，以优化产品设计、功能和提升可用性。提出改进建议时应关注用户的需求和期望，以提高产品的市场竞争力和用户满意度。

（9）循环迭代：根据改进建议，对产品进行优化和改进，然后重新进行可用性测试，以验证改进效果。这个过程可以重复进行，直至产品的可用性和用户体验达到预期的水平。

四、可用性测试问卷设计

标准化问卷是一种经过精心设计、可重复使用的问卷，其主要特点是一组特定的问题按照特定的格式和顺序呈现。这些问题基于用户的答案产生度量值，这些度量值有一定的规则，对用户的回答也有特定的计算方法和规则。标准化问卷要求设计者对问卷的信度、效度和灵敏度进行报告，以确保问卷的质量。

在标准化问卷的设计过程中，设计者需要遵循心理测量的条件审查，以保证问卷的科学性和可靠性。这包括对问卷的问题、格式、顺序、度量值和计算方法进行严格的审查和验证，确保问卷能够准确地测量用户的特定属性或态度。值得注意的是，并非每一份被重复使用的问卷都能称之为标准化问卷。只有经过严格的设计、审查和验证，具备较高的信度、效度和灵敏度的问卷，才能被称为标准化问卷。在我国许多研究领域已经广泛应用标准化问卷，如教育、心理、健康等领域，为相关研究和实践提供有效的工具。

(一)可用性测试标准化问卷的特点

(1)系统性和全面性：可用性测试标准化问卷覆盖了可用性的各个方面，如易用性、功能性和用户满意度等，可以全面评估产品、系统或服务的可用性。

(2)可重复和可对比：标准化问卷的设计使得不同产品、系统或服务的可用性测试具有一致性和可重复性，方便进行数据的比较和分析。

(3)高效性和经济性：可用性测试标准化问卷可以同时对大量用户进行调查，可节省人力、时间和经费。与实验法、观察法等相比，问卷调查的范围更广，样本规模较大，能够在较短的时间内获得更全面和系统的数据。

(4)易量化和易分析：现有许多问卷统计分析软件可以帮助进行数据分析，使得数据分析和挖掘更加方便。

(5)保护用户隐私：可用性测试标准化问卷通常采用匿名填写的方式，有助于消除用户的顾虑，使用户更愿意提供真实、客观的评价。

(6)适应性强：可用性测试标准化问卷可以应用于各种产品、系统或服务，如软件、网站、硬件等，为相关可用性评估和研究提供有效的数据收集工具。

(7)可靠性和科学性：经过严格设计和心理测量条件审查的可用性测试标准化问卷，具有较高的信度、效度和灵敏度，能够更准确地评估产品、系统或服务的可用性。

(二)可用性测试标准化问卷的分类

(1)整体评估问卷：用于在完成一系列任务测试场景后，对产品或系统整体的感知可用性测量。目前使用较广泛的整体评估问卷如下：

SUS(system usability scale，系统可用性量表)

UMUX(usability metric for user experience，用户体验的可用性指标)

UMUX-LITE(用户体验的可用性指标-简化版)

QUIS(questionnaire for user interaction satisfaction，用户交互满意度问卷)

CSUQ(computer system usability questionnaire，电脑系统可用性问卷)

SUMI(software usability measurement inventory，软件可用性测试问卷)

PSSUQ(post-study system usability questionnaire，整体评估可用性问卷)

UEQ(user experience questionnaire，用户体验问卷)

TAM(technology acceptance model，技术接受模型)

(2)任务评估问卷：每完成一个场景任务，让用户对该任务进行感知可用性测量。目前使用较广泛的任务评估问卷如下：

ASQ(after-scenario questionnaire，场景后问卷)

SEQ(single ease question，单项难易度问卷)

SMEQ(subjective mental effort questionnaire，主观脑力负荷问题)

ER(expectation ratings，期望评分)

UME(usability magnitude estimation，可用性等级评估)

(3)网站感知可用性评估问卷：大部分标准化可用性问卷最初是在20世纪80年代中期到后期被开发，在网络开始流行时，出现了更有针对性的评估网站感知可用性的问卷。目前使用较广泛的问卷如下：

WAMMI(website analysis and measurement inventory，网站分析和测量问卷)

SUPR-Q(standardized universal percentile rank questionnaire，标准化的用户体验百分等级问卷)

SUPR-Qm(standardized universal percentile rank questionnaire for mobile apps，移动应用程序标准化用户体验百分等级问卷)

(三)经典问卷——系统可用性量表(SUS)

SUS是一种广泛使用的可用性评估工具(图4-18)，由John Brooke于1986年开发。它是一种公开免费、简短、易于理解和操作的问卷调查，通常用于评估计算机系统、软件应用程序、网站和移动应用程序的可用性。SUS主要关注用户对产品可用性的感知，通过10个简短的问题来评估用户对产品的满意度，以及在易用性和可用性等方面的体验。全球大约43%的专业机构进行整体评估时，将SUS量表作为测试后问卷题目。SUS是在日常设计中最合适、最经济实惠的测试问卷之一，能够对系统或功能的可用性进行全面的评估。

整个问卷共10题，每题为5分制，奇数项为正面描述，偶数项为反面描述，第4、5、10三项构成的子量表为“有效性”(effectiveness)&“易学性”(learnability)；第2、3、7、8四项构成的子量表为“使用效率”(use efficiency)&“可用性”(usability)；第1、6、9三项构成子量表“满意度”(satisfaction)。SUS整体可以抽取部分题目作为子测量表(UMUX、UMUX-LITE)，将其作为单独的问卷有针对性地进行可用性和易学性测量，“可用性”由问卷中第1~3题、5~9题构成，“易学性”由问卷中4、10题构成。

在进行SUS评估之前，不要对测试进行总结或讨论，以免影响用户的评价和反馈。在使用SUS的过程中，可以对题目的词语进行替换，这些替换对最后的测量结果都没有影响，比如“system”可替换成网站、产品或者自己产品的名称等。SUS旨在捕捉用户对系统可用性的第一印象和直观感受，因此应要求用户快速完成各个题目，不要过多思考。在实施SUS评估时，如果用户因为某些原因无法完成其中某个题目，就可以将其视为用户在该题上选择了中间值，以便进行后续的评分和统计分析。

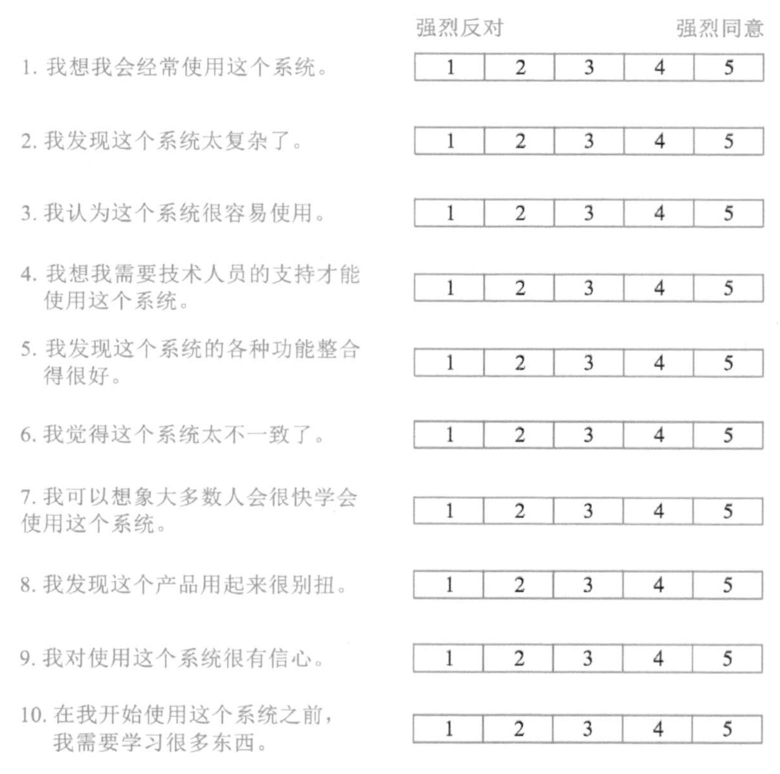

图4-18　SUS量表

SUS得分计算：

（1）对于奇数序号的问题，将其得分减1（比如第1题分数为4，得分为4-1=3分）；

（2）对于偶数序号的问题，将其得分被5减去（比如第2题分数为3，得分为5-3=2分）；

(3)将所有问题最后的得分加在一起，然后乘以2.5(每个题目的得分范围记为0~4分，最大值为40分，SUS可用性得分在0~100分，换算后乘以2.5)；

(4)计算出的结果即为产品的SUS可用性得分，将得分与SUS分级范围表(表4-8)进行比对，查看属于哪个评级。

表4-8 SUS分级范围表

SUS分数等级/分	评级	百分等级/%
84.1~100	A+	96~100
80.8~84	A	90~95
78.9~80.7	A-	85~89
77.2~78.8	B+	80~84
74.1~77.1	B	70~79
72.6~74	B-	65~69
71.1~72.5	C+	60~64
65~71	C	41~59
62.7~64.9	C-	34~40
51.7~62.6	D	15~34
0~51.7	F	0~14

使用SUS可以进行以下内容：

(1)同一个界面，完成不同的任务之间的比较。通过让用户在完成不同类型和难度的任务后分别评分，可以了解不同任务在可用性方面的表现，从而找出需要改进的地方。

(2)同一个界面，先后不同版本之间的比较。通过让用户在使用新版本和旧版本后分别评分，可以了解新版本在可用性方面的改进情况，以及用户对新版本的接受程度。

(3)备用方案之间、竞品之间的比较。通过让用户在使用不同备用方案或竞品后分别评分，可以了解不同方案在可用性方面的优劣，为产品决策提供依据。

(4)不同种类的界面之间的比较。通过让用户在使用不同平台(如PC版、网页版、Android版、iOS版)或不同产品(如知乎与微博)后分别评分，可以了解不同平台或产品在可用性方面的表现，从而找出需要改进的地方。

五、研究案例

助眠App交互原型可用性测试

1. 形成性测试：启发性评估

(1)被试。

专家组构成4人，其中两人为数字媒体领域从业者，两名为在校大学生(睡眠App专业使用人士)，以测试原型在界面设计与功能定义方面存在的不足。

(2)测试设计。

由一组专家根据可用性原则反复浏览系统各个界面，独立评估系统，允许各位评价人在独立完成评估之后讨论各自的发现，共同找出可用性问题。

确立测试任务为进入商品定制界面，由实验助手记录效率及出错位置、出现错误原因描述。

(3)程序与方法。

①实验主试首先介绍访谈目的、访谈大纲。

②被试者进入测试区域，准备测试。

③被试者针对测试设计中的任务进行原型试用。

④实验助手根据被试者的点击顺序、出错位置、任务使用效率进行观察及记录。

⑤实验被试者根据可用性原则对所有界面进行反复浏览并独立评估，发表主观看法，实验助手对结果进行记录。

(4)结果与结论。

对专家组使用测试内容记录结果如表4-9所示。

表 4–9　对专家组使用测试内容记录结果

被试	完成时间	完成任务中问题描述
被试 1	11 s	快速找到相应图标
被试 2	13 s	混淆记录与音频图标
被试 3	41 s	主菜单功能切换一二级页面成误触
被试 4	20 s	较快找到相应图标

针对测试页面，专家组同时向我们提出可用性与界面视觉设计问题如下：

①二级界面跳转箭头与底端固定菜单栏条状功能重复。

②助眠音频界面与主题色调不符，在夜间使用颜色过亮。

③滚动栏没有设置交互动效。

④“音频选择”中需要花时间去搜索寻找，耗费时间长。

⑤睡眠记录中“生成报告”位置不合理，应放在页面较醒目的位置。

⑥生成报告和质量评分有一部分功能重复。

(5)修改后界面部分展示。

修改后界面如图 4–19 所示。

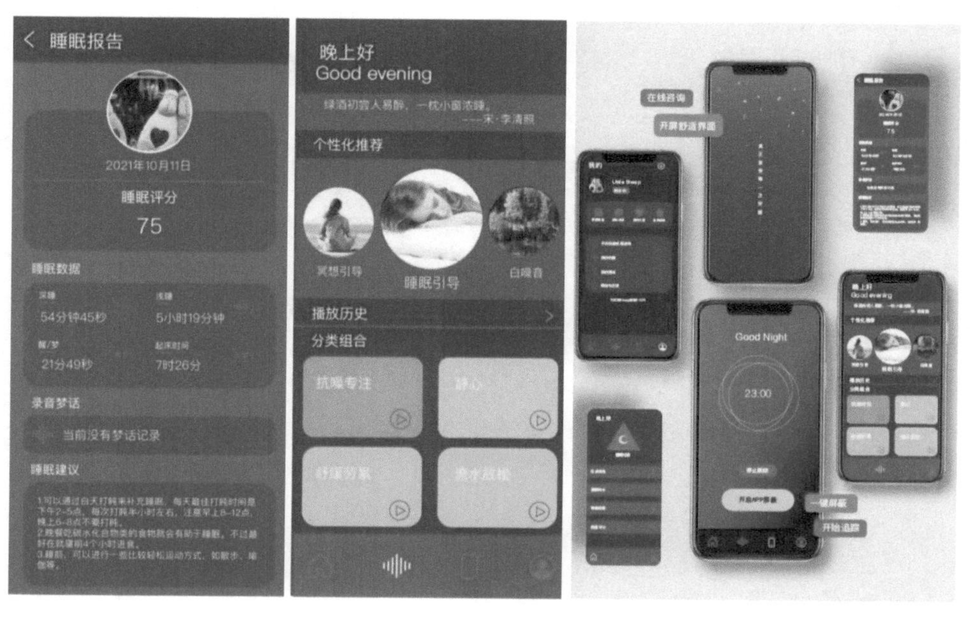

图 4–19　修改后界面

2. 总结性测试

(1)被试。

根据可用性量表，我们对39名使用该应用设计测试界面的用户进行了SUS量表(表4-10)的发放与回收，被试均为在校大学生，年龄为18~27岁。

表4-10 系统可用性量表

原始英文版	中文版
1. I think that I would like to use this system frequently.	1. 我想我会经常使用这个系统。
2. I found the system unnecessarily complex.	2. 我发现该系统过于复杂。
3. I thought the system was easy to use.	3. 我认为该系统易于使用。
4. I think that I would need the support of a technical person to be able to use this system.	4. 我认为我需要技术人员的帮助才能使用这个系统。
5. I found the various functions in this system were well integrated.	5. 我发现这个系统很好地集成了各种功能。
6. I thought there was too much inconsistency in this system.	6. 我认为这个系统中存在大量的不一致。
7. I would imagine that most people would learn to use this system very quickly.	7. 我想大多数用户能很快学会使用该系统。
8. I found the product very awkward to use.	8. 我发现这个产品使用起来很不方便。
9. I felt very confident using the system.	9. 我使用这个系统时，感到很有信心。
10. I needed to learn a lot of things before I could get going with this system.	10. 在使用这个系统之前，我需要学习很多相关知识。

(2)程序与方法。

①线下联系被试。

②通过社交网络发放线上测试问卷。

③被试通过网络填写问卷。

④通过发送网络红包给予被试报酬。

⑤线上回收问卷，进行数据统计分析，撰写结论。

SUS 量表结果如表 4-11 所示，根据计算我们得出：此测试页面获得了 72.2 分，属于分级范围中的 C+级，百分等级为 60%~64%。现有已完成的日常产品可用性评级的研究表明，日常产品 SUS 的总体平均分是 80.2 分。我们的产品分数与目前常用的产品分数比较接近。

表 4-11　SUS 量表结果统计

项目	1 分	2 分	3 分	4 分	5 分	平均分
Q1	0	2	10	22	5	3.77
Q2	3	14	14	8	0	2.69
Q3	0	0	20	13	6	3.64
Q4	9	12	10	8	0	2.44
Q5	0	1	13	20	5	3.74
Q6	4	12	13	9	1	2.77
Q7	0	1	15	11	12	3.87
Q8	12	11	5	9	2	2.44
Q9	1	2	12	13	11	3.79
Q10	15	11	6	7	0	2.13
小计	44	66	118	110	42	378

(3)NPS 净推荐度量表。

被试 39 人，39 名被试者均为在校大学生，通过 NPS 量表我们对该应用的感知可用性进行评估，结果如下。

39 名被试中贬损者(评估 0~6.5 分)10 人次，中立者(评估 7~8 分)13 人次，推荐者(评估 9~10 分)16 人次，经计算此应用界面在该测试中的 NPS 值为 15.38%。

(来源：中南大学　苏家玉、高岩)

第五章
用户研究数据分析

用户研究数据分析涉及对各种研究方法收集的数据进行系统化整理、深入解读和精确提炼，旨在获取有价值的用户洞察和信息。这些数据来源于用户观察、访谈、调查问卷及用户测试等多种渠道。通过数据分析，我们能够更加深入地了解用户的需求、行为和反馈，为设计师和产品团队提供决策依据。

首先，数据分析有助于设计师发现用户的痛点、偏好和行为模式，以便更好地满足用户需求。在产品设计过程中，设计师会提出各种假设和猜想，通过分析用户研究数据，可以验证这些假设的准确性，为及时调整设计方向、减少设计错误和失败、提高产品成功率提供有力支持。其次，数据分析还能够揭示用户的隐藏需求和潜在问题。有时用户可能无法清晰地表达自己的需求，或者对自己的真正需求缺乏认识。通过对数据的深入分析，我们可以发现用户的潜在需求，为产品创新和改进提供新的思路。再次，通过数据分析，可以评估产品的可行性和可接受性。通过分析用户的反馈和行为，我们可以了解用户对产品的态度和接受程度，从而评估产品的市场潜力和可行性。又次，数据分析为用户体验设计提供重要的支持。通过了解用户的行为和需求，设计师可以更准确地进行用户界面、交互和视觉设计，以提供更优质的用户体验。最后，数据分析是一个持续改进和迭代的过程。通过不断分析和解读数据，设计师可以获得反馈和洞察信息，并将其应用于产品的持续改进中。

第一节　分析数据的一般过程

一、数据收集与整理

首先，收集的数据应具有代表性。为了确保研究结果的代表性，样本应能够代表预期描述的用户群。如果存在不同用户群之间的重要差异因素，可以采用分层抽样（stratified sampling）的方式进行样本选择，以保证各用户群的代表性。其次，收集的数据应具有随机性。要考虑所有重要变量，设计理想样本，合理地合并用户群，以确保样本的随机性。这样可以减少样本选择的偏见，增强研究结果的可靠性。

（一）数据收集

（1）样本量。样本量是指参与用户研究的用户数量。通常情况下，样本量应大于30，这样可以更好地进行统计分析。但当数据量较小（小于10）时，也可以使用部分统计学方法对数据进行分析，以得出有效的统计结论。

（2）测试数据。用户研究相关人员可以通过现场或远程测试的方式收集数据。在测试过程中，观察和记录用户的行为，并与用户进行深入互动，以挖掘潜在的问题和需求。这样收集的数据可以提供更加真实和具体的用户反馈。

（3）完成率。完成率指完成任务的用户数量与总参与用户数量的比例。通过计算完成率，可以评估任务的成功率。完成率的高低可以反映用户在使用产品或完成任务时的便利程度和满意程度。

（4）可用性问题。可用性问题是指在用户研究中发现的产品或界面存在的问题。根据问题出现的频率和影响程度，可以评估问题的严重性和优先级。这些问题的解决将有助于提升产品的可用性和用户体验。

（5）任务时间。任务时间是指用户完成特定任务所需的时间，也包括用户任务失败所花费的时间及任务的总体完成时间。通过分析任务时间，可以了解用户在不同阶段的效率和体验，从而优化产品的设计和流程。

（6）出错数。出错数是用户在尝试任务过程中产生的无意识的错误数量。通过诊断失败的原因和预判可能出现的场景，可以发现产品潜在的问题和改进点，从而提高产品的易用性和用户满意度。

(7)满意度评分。满意度评分是使用标准化的可用性问卷来进行用户满意度调查，可通过回收数据计算得出。这种评分可以客观地评估用户对产品的整体满意程度，帮助设计师了解用户对产品的喜好和需要改进的方面。

(8)复合分数。复合分数是将各项指标进行综合总结，以提供更全面的用户体验描述。通过将各指标进行加权或综合评估，可以得出用户体验的综合得分，帮助设计师更好地了解和提高产品的整体用户体验。

(二)数据整理

1. 筛选数据

在开始任何数据分析之前，进行数据筛选是至关重要的步骤。首先，必须对数据中可能存在的极端值进行仔细检查。这些极端值可能会对最终结果产生重大影响，特别是在线研究中的任务完成时间。例如，一些用户可能会在研究过程中离开，导致他们的任务完成时间异常延长；有些用户可能会在极短的时间内完成任务，这可能只是一种假象，实际上用户并没有真正投入精力。这些异常值如果不被识别和过滤，可能会对数据分析产生误导性的影响。

除了检查极端值，还需要考虑过滤那些不符合目标用户群体要求的数据。例如，如果目标用户是年轻人，那么老年用户的数据不应该被包括在内。同样，如果研究的是工作场景中的用户行为，那么学生用户的数据也不应该被纳入。此外，还需要排除那些可能受到其他外界因素干扰的数据，比如设备故障、网络问题等。这些因素可能会对用户的表现产生不正常的影响，从而影响分析结果的准确性。研究者通常会从有效数据中抽取具有代表性的样本数据，以确保研究结果的准确性。数据抽样可以帮助研究者在处理大规模数据时减小工作量，并确保样本在统计上具有代表性。例如，研究者在进行用户调研时，可能无法收集所有目标用户的数据，为了减小工作量并确保研究结果的准确性，研究者可以抽取一部分用户数据进行分析。

2. 创建新变量

创建新变量可以帮助我们更好地理解和分析数据。新变量可以提供新的视角，揭示数据中隐藏的模式，或者帮助我们更有效地回答研究问题。假设我们有一组来自一项产品满意度调查的自我报告式评分数据。我们可能想要知道，有多少用户的评分位于前两位。为此，我们可以创建一个新变量，称为“前两位评分”。如果用户的评分位于前两位，这个新变量的值将是 1，否则为 0。通过这种方式，我们可以很容易地计算出有多少用户的评分位于前两位。再比如，我们可能想要计算所有成功数据的总体成功平均值，那么我们可以创建一个新变量，称为“总体成功平均值”。这个新变量的值将是所有成功数据的平均值。通过这种方式，我们可以得到一个可以表示所有任务的总体成功平均值的数值。

3. 检验回答

在某些情况下，尤其是在线研究中，检验参与者的回答是非常必要的。这是因为在线研究容易受到各种因素的干扰，如网络延迟、参与者对问题的误解等，这些都可能导致参与者给出错误的答案。因此，对参与者的回答进行检验，可以帮助我们更准确地理解数据，提高研究的准确性。如果在分析在线调查数据时发现，有很大比例的参与者给出了相同的错误答案，这可能表明问题存在一定的歧义，或者参与者在回答问题时存在一定的误解。在这种情况下，就需要进行深入分析，找出问题的根源，以便在后续的研究中避免类似问题的发生。

4. 一致性检查

确保数据的正确性可以通过多种方式来实现，其中之一就是进行一致性检查。一致性检查是一种用来确认数据的不同方面是否相互吻合的方法，可以揭示数据采集过程中可能存在的问题，能帮助我们更好地理解参与者的行为和态度。一致性检查可以包括多种比较方式，例如，对比任务完成时长与任务成功率，或者将任务成功率与 App 可用性评价进行比较。通过这些比较，我们可以检查数据的一致性，从而更准确地理解参与者的表现和行为。假设我们在一项在线研究中，要求参与者完成一个特定的任务，并在任务完成后进行自我报告式评分。如果许多参与者在相对短的时间内成功完成了任务，但是针对这个任务给出一个很低的评分，这种情况下，我们可以进行一致性检查，以确定是否存在问题。首先，我们可以检查数据采集过程是否出现问题。这可能包括检查任务是否被正确地呈现给参与者，以及参与者是否被正确地指导完成任务和进行评分。如果数据采集过程中存在问题，那么我们需要采取措施来解决这个问题，以确保数据的准确性。其次，我们可以检查参与者是否正确地理解了问题。这可能包括检查任务的描述是否清晰，以及评分标准是否明确。如果参与者对问题有误解，那么我们需要重新设计任务和评分标准，以确保参与者能够正确地理解和回答问题。

5. 数据转换

数据转换涉及将原始数据从其初始格式转换为适合进行分析的格式，以及转换数据存储环境。这一过程通常涉及数据的导入、清洗、整合和准备，以便进行进一步的统计分析。大多数研究者和数据分析师倾向于使用 Excel 软件来记录和整理数据。Excel 因其用户友好的界面、强大的数据整理功能和极高的普及度而成为数据管理的首选工具。在 Excel 中，数据可以很容易地被录入、编辑和格式化，而且 Excel 提供了一系列的数据分析工具，如描述性统计、图表制作和数据透视表等，这些工具可以帮助用户对数据进行初步的探索和分析。然而，当需要进行更复杂的统计分析时，研究者可能会转向使用专业的统计软件，如 SPSS。SPSS 提供了广泛的统计分析功能，包括回归分析、方差分析、聚类分析等，这些功能的数据分析能力远远超出了 Excel 的常规数据分析能力。使用 SPSS 等软件可以确保统计分析的准确性和可靠性，尤其是在处理大量数据或进行高级统计建模时。完成统计分析后，研究者通常需要将分析结果转换回 Excel，以便于绘制图表和制作报告。Excel 的图表工具非常强大，可以创建各种类型的图表，如条形图、折线图、散点图和饼图等，这些图表可以帮助研究者更直观地展示他们的发现，并向其他人解释研究结果。

以上为数据分析的基本概念，在了解数据分析的基本概念后就可开展数据分析过程，要做到明确要求，确定分析目的、主体口径等信息，确定分析思路，从而成数据分析全过程。

(三) 明确要求

数据解析的初始阶段关键在于确立具体的分析目标。确立目标涉及与他人的沟通互动，准确把握并传达需求相关的所有信息。通常，初步分析时主要采取一种响应式的分析方法，即由他人指出问题，而由研究者负责进行数据方面的分析。因此，必须清楚地描绘需求的具体内容，以确保分析结果的准确性和需求的匹配度。核心要求可以通过以下四个关键方面来明确：分析目的、分析主体、分析口径及完成时间等。

(1) 分析目的。分析目的就是数据分析要达到的目标或要解决的问题。明确分析目的可以帮助数据分析师更好地理解需求，并确定需要收集哪些数据、使用哪些分析方法。

(2) 分析主体。分析主体是指数据分析的对象。分析主体可以是个人、企业、产品、服务等。明确分析主体可以帮助数据分析师更好地理解需求，并确定需要收集哪些数据、使用哪些分析方法。

(3) 分析口径。分析口径是指数据分析的范围和标准。分析口径可以是时间、地域、产品、服务等。明确分析口径可以帮助数据分析师更好地理解需求，并确定需要收集哪些数据、使用哪些分析方法。

(4) 完成时间。完成时间是指数据分析需要的完成时间。明确完成时间可以帮助数据分析师更好地安排工作，并确保数据分析能够按时完成。

(四) 确定思路

确定思路相当于分析的"灵魂"，为分析工作提供明确的方向和目标。确定思路是将分析工作细化和深入，使其更加清晰、有逻辑的过程，从而避免反复分析一个问题的情况出现。

在确定思路的过程中，首先，需要明确分析目的。分析目的包括了解问题的本质、找出问题的根源、预测问题的趋势等。明确分析目的有助于我们在后续的分析过程中保持清晰的目标，从而更加高效地进行工作。

其次，需要全面、深入地拆解分析维度。分析维度是分析工作的基础，它包括问题的各个方面，如时间、空间、数量、质量等。在拆解分析维度时，要尽量做到全面，不遗漏任何一个可能的因素，同时也要深入，对每个维度进行细分，以便更加精确地分析问题。

再次，需要确定分析方法。分析方法是指用于解决问题的具体方法和技术，如数据分析、逻辑推理、模型构建等。在确定分析方法时，要根据问题的特点和目的，选择最适合的方法，以便更加有效地解决问题。

最后，需要形成完整的分析框架。分析框架是分析工作的总体结构，它包括分析的目的、维度、方法和结果等。在形成完整的分析框架时，要确保各个部分之间的逻辑关系清晰，以便更加系统地进行分析。

二、数据分析与呈现

(一) 收集数据

数据来源是数据分析的基础，正确的数据来源能够为分析工作提供准确、可靠的数据支持。数据来源可以分为内部和外部两种。

1. 内部来源

内部来源主要是组织内部已有的报表和数据库。这些报表和数据库通常包含组织内部的运营数据、财务数据、人力资源数据等，是组织内部决策的重要依据。内部数据来源的优点在于数据获取方便，成本较低，同时数据的质量和可靠性相对较高。但内部数据来源也存在一定的局限性，比如数据的时效性可能较差，数据的范围和覆盖面可能有限，难以全面反映市场和社会的实际情况。

2. 外部来源

外部来源主要包括通过网页爬虫程序、调查问卷、国家统计局等途径获取的数据。网页爬虫程序可以快速获取互联网上的大量数据，包括新闻、论坛讨论信息、社交媒体信息等，这些数据对于了解市场趋势、用户行为等非常有用。调查问卷则可以直接从目标群体收集数据，获取第一手的信息。国家统计局等官方机构发布的数据则具有权威性和可靠性，是了解国家经济状况、行业发展趋势的重要依据。

无论是从内部还是从外部获取数据，都需要保证数据的统一性和有效性。数据的统一性指的是数据应该符合一定的标准和规范，数据的格式、单位、定义等应该清晰明确，以便于不同数据之间的比较和分析。数据的有效性则是指数据应该真实、准确、完整，能够反映实际情况，不存在误导性或偏见。

（二）数据处理

为了确保数据的统一性和有效性，需要对获取的数据进行清洗和处理。数据清洗包括去除无效数据、纠正错误数据、填补缺失数据等，以确保数据的质量。数据处理则包括对数据进行整合、转换、分析等，以便于数据的进一步使用。数据处理相关内容详见本章第一节第二部分数据整理，此处不再赘述。

（三）分析数据

分析数据是数据分析流程中最为重要的环节，它是一个抽丝剥茧的过程，可从纷繁复杂的数据中提取出有价值的信息。这一过程是从分析目的出发，按照预先确定的分析思路，运用适当的分析方法或分析模型，使用分析工具，对处理过的数据进行分析。在分析数据的过程中，方法模型的选择至关重要。我们可以将现有的分析方法、分析模型进行结合，以实现对数据的整合分析。基础分析方法包括对比分析、结构分析和分类分析等，这些方法可以帮助我们了解数据的概况、分布和特点。而高级分析方法如聚类分析、回归分析和决策树分析等，则可以揭示数据之间的内在关系和规律。此外，分析模型如 RFM 分析和 A/B 测试等，也是常用的工具，它们可以帮助我们深入理解数据，发现数据背后的商业价值。在数据分析中，分析工具的使用同样重要。对于入门级别的分析，我们可以使用Excel、SQL等工具进行数据处理和分析。这些工具操作简单，功能强大，可以满足大部分基础的数据分析需求。而对于进阶分析，Python、R等编程语言则是更好的选择。它们拥有丰富的数据分析库和模型，可以实现对复杂数据的深度挖掘和分析。以上工具既可以用于数据处理中的清洗、转化数据，也可以用于数据分析阶段的数据分类、汇总。

（四）数据展示

数据展示（也可称作数据可视化），是一种以简洁、直观的方式传达数据所包含信息的方法。它的目的在于增强数据的“易读性”，让阅读者能够轻松地理解数据所表达的内容。数据展示不仅使数据更加生动有趣，还有助于发现数据背后的规律和趋势，为决策提供有力支持。

数据展示的过程包括以下几个步骤。

（1）数据梳理：在数据展示之前，先要对数据进行梳理，确保数据准确、完整，这一步骤可能涉及数据清洗、计算和转化等。

（2）确定展示方式：根据分析目的和目标受众，选择合适的展示方式。常见的展示方式图表包括图表、图形、报表等。例如，柱状图可以展示数据的分布情况，折线图可以展示数据随时间的变化趋势，饼图可以展示数据的占比情况等。

（3）设计展示内容：在设计展示内容时，要确保展示内容简洁、直观，能够一目了然地传达数据所包含的信息。此外，展示内容时还要注意美观，以便吸引阅读者的注意力。

（4）应用展示工具：目前有许多数据可视化工具可以帮助我们完成展示数据的工作，如Tableau、Power BI、Excel等。这些工具可提供丰富的图表、图形模板，让我们轻松地制作出专业的数据展示作品。

（5）优化展示效果：在数据展示时，要注意优化展示效果，让阅读者能够更容易地理解和接收数据所传达的信息。例如，可以通过添加标题、注释、颜色等方式，突出数据的关键信息，帮助阅读者更好地理解数据。

数据展示的好处在于，它可以将复杂、抽象的数据转化为简单、直观的图表和图形，使数据更易于理解和分析。此外，数据展示还可以帮助我们发现数据中的规律和趋势，为决策提供有力支持。然而，数据展示并非万能，它只是数据分析的一种手段。在实际应用中，我们还需结合其他分析方法，如统计分析、机器学习等，来深入挖掘数据的价值。

(五)撰写报告

撰写报告是数据分析过程的最后一步，它将分析结果以文档的形式输出，为决策者提供强有力的决策依据。撰写报告的目的在于通过全方位的数据科学分析来展现用户研究结论。分析报告是对前述工作的总结，以文档的形式展现“推理”的过程，并说明最终的结论。

对于报告的形式，可以根据不同的需求和场合选择不同的载体。目前常用的报告形式包括 PPT、Word 和 Excel。PPT 是较常用的报告形式之一，尤其适合用于大型汇报和演示。它的特点在于制作耗时较长，但美观度高，可以吸引观众的注意力，同时也能够方便地展示图表和图形。Word 则适用于文字较多、正式的邮件附件或报告。它适合于详细阐述分析过程和结果，可以提供更加深入和全面的解释和讨论。Excel 常用于内部的交流报告，制作时间较短，可以快速地分享分析结果和数据表格。它适合于快速展示数据和简单的图表，方便内部人员交流和讨论。

在撰写报告时，需要注意以下几点，以确保报告的易读性和价值性。首先，报告中应注明分析目标、分析口径和数据来源。这样，阅读者可以清晰地了解报告的背景情况，降低因背景不清而带来的沟通成本。其次，报告应图文并茂、条理清晰、逻辑性强。这样，阅读者可以跟随报告的分析思路，逐步推理，更容易理解和接受分析结果。最后，报告中需体现有价值的结论和建议。通过提供“落地”的方案，报告可以体现分析的数据价值，为决策者提供具体的操作建议和改进措施。

第二节　数据分析方法

一、描述性统计

描述性统计是统计学中的一个基本概念，它涉及对数据进行整理、概括和计算的过程。其主要包括频数分析、集中趋势分析、离散程度分析、分布形态。这种统计方法的主要目的是提供一个关于数据集的清晰和简洁的概述，而不涉及对整体群体的推断。描述性统计是推断性统计的基础，它为更复杂的统计分析提供必要的数据整理和展示步骤。在描述性统计中，我们关注的是数据的中心趋势和离散程度。中心趋势的测量通常包括平均值(均值)、中位数和众数等指标，它们能够反映数据集的中心位置。离散程度的测量则包括标准差、方差和四分位距等指标，它们能够反映数据点围绕中心趋势的分布情况。除了上述基本描述性统计指标，还有许多其他的统计量可以用来描述数据集的特征，如偏度和峰度、置信区间等。在实际应用中，描述性统计是数据分析的起点。无论是在学术研究还是在商业分析中，描述性统计都是理解和解释数据的第一步。通过描述性统计，我们可以快速地了解数据的基本特征，为进一步的数据分析和建模打下坚实的基础。

描述性统计方法主要分为三类，分别是使用统计量描述、使用图示技术描述及使用文字语言分析和描述。使用统计量描述是描述性统计中最常见的一种方法。这种方法通过计算一系列的统计量来对数据集进行概括和表征。通过计算和分析，我们可以快速地了解数据的基本情况，为进一步的数据分析和建模提供基础。使用图示技术描述是描述性统计中另一种常用的方法。这种方法通过绘制各种图表来直观地展示数据的分布状况、趋势走向和规律。常见的图示技术包括直方图、散布图、趋势图、排列图、条形图和饼图等。使用文字语言分析和描述是描述性统计中的一种补充方法。这种方法通过文字描述和统计分析表、分层、因果图、亲和图和流程图等工具来对数据进行分析和描述。

(一)频数分析

频数分析是对数据集中每个数值出现的次数进行计数。通过频数分析，我们可以了解数据的分布情况，比如哪些数值出现得较多，哪些数值出现得较少。频数分析可以帮助我们了解数据的分布特点和规律，为进一步的数据分析提供基础。

(二)集中趋势分析

集中趋势分析是对数据集的中心位置进行分析。在统计学中，集中趋势通常指的是一组数据向某一中心值靠拢的程度，它可反映一组数据中心点的位置。数据的中心位置是我们较容易想到的数据特征。数据的中心位置可分为均值、中位数和众数。均值是将所有数据点的数值相加后除以数据点的数量，中位数是将数据集按大小顺序排列后位于中间位置的数值，众数是数据集中出现次数最多的数值。取得集中趋势代表值的方法有两种：数值平均和位置平均。

（三）离散程度分析

离散程度分析是对数据集的波动程度进行分析。在了解数据的中心位置之后，我们通常会对数据的波动程度感兴趣。波动程度小的数据集意味着数据点围绕中心位置的分布比较集中，而波动程度大的数据集则意味着数据点分布比较分散。对数据的波动程度进行分析可以帮助我们了解数据的稳定性和可靠性。常见的离散程度指标包括标准差和方差。

1. 方差（variance）

方差是一个用来描述数据集离散程度的指标。在概率论和统计学中，一个随机变量的方差描述的是它的离散程度，也就是该变量与其期望值的距离。方差是各个数据点与平均值的差的平方的平均数，它表示数据点与平均值的偏差程度。方差越大，数据的波动越大，表示数据点之间的差异越大；方差越小，数据的波动越小，表示数据点之间的差异越小。

方差还可以进一步细分为几个相关的概念。方差的正平方根称为该随机变量的标准差，它表示数据点之间的波动程度。方差除以期望值归一化的值叫分散指数，它表示数据点相对于期望值的波动程度。标准差除以期望值归一化的值叫变异系数，它表示数据点的相对波动程度。

2. 标准差（standard deviation，SD）

标准差是统计学中用来衡量数据集离散程度的一个重要指标。它表示的是数据点与数据集的平均值之间的偏差的平方的算术平均数的平方根，用符号 σ 表示。标准差是方差的算术平方根，它能够反映数据集的离散程度，即衡量数据在数据集中的波动的大小。标准差越大，数据的波动越大，表示数据点之间的差异越大；标准差越小，数据的波动越小，表示数据点之间的差异越小。

标准差与平均数是两个不同的概念。平均数表示的是数据集的中心数值，而标准差表示的是数据集的离散程度。即使两组数据的平均数相同，它们的标准差也可能不同，因为它们的离散程度可能不同。标准差的单位与研究的样本数据单位是相同的，这意味着标准差可以用来衡量数据集的波动程度，并且可以用来比较不同数据集的离散程度。

3. 置信区间（confidence interval，CI）

置信区间是统计学中一个重要的概念，它用于估计总体参数的真实值。置信区间是指在一定概率下，包含样本位置总体参数的数值区间。这个概率就是置信度，常用的置信度有 90% 和 95%。置信区间的计算是基于样本数据，通过样本统计量来估计总体参数。

置信区间的宽度与样本量存在一定的正相关关系。这意味着，样本量越小，置信区间的宽度就越大，误差也就越大。这是因为样本量小，样本统计量的分布不稳定，对总体参数的估计就不准确。因此，在样本量较小的情况下，我们对总体参数的真实值的估计要更加谨慎。

4. 置信度(confidence level)

置信度是描述人们对估计结果的信心程度。例如，如果我们有 95%的置信度，那么就是我们有 95%的把握认为我们的估计结果接近总体参数的真实值。置信度越高，我们对估计结果的信心就越强，但同时也会导致置信区间的宽度增大。

例如，在实际的 App 研究应用中，我们经常需要根据置信区间的下边界来判断 App 的可用性是否低于行业标准。如果置信区间的下边界低于行业可用性标准，那么我们可以认为 App 的可用性低于行业标准。置信区间和置信度可以帮助我们更加严谨和准确地描述数据集的特征，为数据分析和决策提供重要的参考依据。

5. 假设检验与临界值

在假设检验中，我们通常设定一个原假设和一个备择假设。原假设通常是我们要证明的假设，备择假设是与原假设相对立的假设。通过样本数据的收集和统计分析，我们计算检验统计量的值，并与临界值进行比较。如果检验统计量的值大于临界值，或者小于临界值的相反数，那么我们就拒绝原假设，接受备择假设。

临界值(critical value)是统计学中另一个重要的概念，可用于假设检验。临界值是在原假设下，检验统计量在分布图上的点，这些点定义一组要求否定原假设的值。如果检验统计量的值大于临界值，或者小于临界值的相反数，那么我们就拒绝原假设，认为样本数据与原假设不符。

临界值的计算基于检验统计量的分布。常见的检验统计量有 T 统计量、卡方统计量和 F 统计量等。根据不同的检验问题和样本数据，我们需要选择合适的检验统计量和相应的临界值。

(四)分布形态

数据的分布是指数据在不同数值上的分布情况。通过数据的分布，我们可以了解数据的分布形态、偏度、峰度等特征。常见的分布形态包括标准正态分布、正态分布、偏态分布和双峰分布等。标准正态分布是一种特殊的正态分布，其均值为0，标准差为1。正态分布是一种连续概率分布，其数据分布呈现对称的钟形曲线。偏态分布是指数据分布呈非钟形曲线对称的形态，可能集中在左侧或右侧。双峰分布则是有两个峰值的分布，数据在这两个峰值附近集中。

1. 偏度(skewness)

偏度是统计学中用来描述数据分布对称性的一个重要概念。它衡量的是数据分布两侧的不对称程度，即数据分布的尾部厚度和位置。正态分布的偏度为0，这意味着正态分布是完全对称的，数据均匀地分布在平均值两侧。

为了计算数据样本的偏度，我们需要对数据分布进行深入观察和分析。当偏度小于0时，我们称之为负偏或左偏态。这种情况下，数据分布的左侧尾部更长，而分布的主体集中在右侧。这意味着数据在左侧的极端值较多，而在右侧的极端值较少。负偏态分布通常表现为左侧有一段较长的尾部，使得平均值大于中位数。

相反，当偏度大于0时，我们称之为正偏或右偏态。这种情况下，数据分布的右侧尾部更长，而分布的主体集中在左侧。这意味着数据在右侧的极端值较多，而在左侧的极端值较少。正偏态分布通常表现为右侧有一段较长的尾部，使得平均值小于中位数。

当偏度等于0时，表示数据相对均匀地分布在平均值两侧，但不一定是绝对对称分布。在这种情况下，我们需要与正态分布偏度为0的情况进行区分。正态分布的偏度为0，是因为它的形状是对称的，数据均匀地分布在平均值两侧。然而，并不是所有偏度为0的分布都是正态分布，还有其他类型的分布也可能具有偏度为0的特点。

此外，如果数据分布是对称的，那么平均值等于中位数。这是因为在对称分布中，平均值、中位数和众数都位于分布的中心，它们的值相等。然而，如果分布不是对称的，那么平均值、中位数和众数可能不相等。在负偏态分布中，平均值大于中位数；在正偏态分布中，平均值小于中位数。

2. 峰度(kurtosis)

峰度是统计学中描述数据分布形态的一个重要指标，它用于衡量数据分布的陡峭或平滑程度。峰度值的大小决定数据分布的尖锐和陡峭程度和尾部的厚度。正态分布的峰度为3，这是因为正态分布的形状是对称的，并且有两个尾部，每个尾部的厚度与主体部分的厚度相同。因此，正态分布的峰度值被定义为3，以便于与其他分布进行比较。

峰度值大于3的数据分布被认为是陡峭的，这意味着数据分布的尾部较厚，极端值出现的频率较高。相反，峰度值小于3的数据分布被认为是平滑的，这意味着数据分布的尾部较薄，极端值出现的频率较低。当峰度值等于3时，数据分布的形状与正态分布相同，既不过于陡峭也不过于平滑。

在统计学中，为了方便计算和比较，常常将峰度值减去3，使得正态分布的峰度变为0。这样做的目的是将正态分布作为参照点，使得其他分布的峰度值可以直接与正态分布进行比较。例如，一个数据分布的峰度值为6，那么我们可以知道这个数据分布比正态分布更陡峭，尾部更厚。

描述性统计的作用在于提供一种有效且相对简便的方法来概括和表征数据，它通过对数据进行整理、概括和计算，使得数据更加易于理解和分析。通过描述性统计，我们可以发现数据的质量特性值（总体）的分布状况和趋势走向的一些规律。例如，我们可以通过计算平均值、中位数和众数等指标来了解数据的中心趋势，通过计算标准差、方差和四分位距等指标来了解数据的离散程度。这些指标可以帮助我们快速地了解数据的基本特征，发现数据的分布规律和趋势走向。描述性统计还可以帮助我们发现问题并采取解决措施。通过对数据的描述和分析，我们可以发现数据中的异常值、极端值和潜在的问题，从而采取相应的措施来解决这些问题，提高数据的准确性和可靠性。描述性统计是汇总和表征数据的重要工具，它通常是对数据进行定量分析的基础。通过对数据进行描述性统计，我们可以为进一步的数据分析和建模打下坚实的基础。描述性统计还可以作为推断性统计方法的有效补充。推断性统计是基于样本数据对总体参数进行推断和预测的方法，而描述性统计则是对样本数据进行整理和表征的方法。通过描述性统计，我们可以更好地理解样本数据的特征和规律，从而为推断性统计提供更加准确和可靠的数据基础。

二、因子分析

因子（factor）通常指的是在实验或研究中用来分类或区分不同组别的独立变量。因子可以是有序的也可以是无序的。例如，在用户研究中，性别、年龄或受教育程度均可以作为因子。因子通常用于实验设计，以观察它们对因变量（响应变量）的影响。变量（variable）是一个更为广泛的概念，指的是可以取不同数值或状态的量。变量可以是定量的也可以是定性的。定量变量进一步可以分为离散变量和连续变量。例如，一个人的身高、体重或测试分数可以是一个定量变量；性别或血型可以是一个定性变量。因子通常是变量的一种，特指在实验设计中用来区分不同处理组的变量。而变量是一个更广泛的概念，它包括因子及其他可能影响研究结果的变量，如协变量和因变量。此外，因子通常是受研究者控制的，而变量包括不受研究者控制的变量。在多因素实验设计中，研究者可能同时考察多个因子及它们之间的交互作用对因变量的影响。

因子分析是一种强大的统计方法，旨在研究变量之间的内在联系，以识别影响某个现象的主要因素。在用户研究中，这种方法可以帮助研究者深入了解用户行为和感知背后的潜在因素，从而为产品优化、市场分析和政策制订提供有力支持。因子分析主要分为两种类型：探索性因子分析(EFA)与验证性因子分析(CFA)。探索性因子分析旨在发掘潜在的因素，而验证性因子分析用于检验已知因素的有效性。在实际应用中，这两种方法相辅相成，共同为研究者提供有关变量间关系的全面认识。

探索性因子分析是一种自下而上的方法，它通过分析变量之间的相关性，挖掘潜在的共同因素。在这个过程中，研究者不需要事先设定因素个数，而是让数据自己“说话”，揭示影响变量的主要因素。探索性因子分析适用于那些尚未明确因素的领域，可以帮助研究者快速了解问题的核心。验证性因子分析则是一种自上而下的方法，它基于已有的理论和研究，对潜在因素进行假设；然后，通过收集数据，运用统计方法检验这些假设是否成立。验证性因子分析有助于验证探索性因子分析的结果，确保因素的有效性和可靠性。

因子分析在用户研究领域有着广泛的应用，因子分析可以帮助研究者理解和简化用户行为、态度、偏好等方面的复杂数据。以用户行为研究为例，因子分析可以用于理解用户在特定环境中的行为模式。例如，在社交媒体研究中，可以通过分析用户的互动行为(如点赞、评论、分享)来识别影响用户参与度的潜在因素。然而，因子分析并非万能，在实际应用中，研究者需要注意以下几点：首先，因子分析适用于定量数据，对于定性数据则无能为力；其次，因子分析结果受样本量大小的影响较大，样本量不足可能导致分析结果失真；最后，因子分析仅能揭示变量间的线性关系，对于非线性关系则无法准确识别。

（一）方法及内容

1. 探索性因子分析（EFA）

探索性因子分析（EFA）是在没有明确理论指导下进行的，通过分析变量之间的相关性，探寻潜在共同因子的一种方法。EFA 主要用于发现影响某一现象的主要因素，并对这些因素进行命名和解释。探索性因子分析的过程包括以下几个步骤。

（1）数据预处理：在进行探索性因子分析之前，需要对收集的数据进行预处理，包括数据清洗、缺失值处理、变量的选择与转换等。

（2）因子提取：通过分析变量之间的相关性，提取影响某一现象的主要因子。常用的因子提取方法有主成分分析、最大似然法等。

（3）因子旋转：为了使因子结构更加清晰，需要对提取的因子进行旋转。常用的因子旋转方法有正交旋转、斜交旋转等。

（4）因子解释：根据因子载荷结果，对每个因子进行命名和解释，即确定因子载荷系数。因子载荷系数的绝对值越高，表示变量与因子之间的相关性越强。

2. 验证性因子分析（CFA）

验证性因子分析（CFA）是在已有理论框架的基础上进行的，通过分析变量之间的相关性，验证理论中提出的因子结构的一种方法。CFA 主要用于检验研究者提出的因子模型是否与实际数据相符。验证性因子分析的过程包括以下几个步骤。

（1）模型构建：根据已有的理论或研究，构建因子模型，涉及因子的个数、变量与因子之间的关系等。

（2）模型拟合：通过分析实际数据，检验因子模型与数据的拟合程度。常用的拟合指标有卡方拟合指数、比较拟合指数、均方根误差近似等。

（3）模型评价：根据拟合指标，对因子模型进行评价，判断模型是否合理。

（4）模型修正：如果模型拟合程度不佳，需要对模型进行修正，包括修改因子个数、调整变量与因子之间的关系等。

3. 因子分析的基本假设

在进行因子分析时，需要满足一些基本假设，这些假设是保证因子分析有效性和可靠性的基础。

（1）变量间的相关性：因子分析假设各变量之间存在一定的相关性，这种相关性是共同因子作用的结果。这意味着，观察到的变量之间的关联性不是由随机因素引起的，而是一个或多个共同因子导致的。例如，在用户体验研究中，用户对产品易用性的评价可能与他们对产品满意度的评价相关，这表明易用性和满意度可能受到一个共同因子的影响，如用户体验的整体质量。

（2）共同因子的存在：因子分析假设所有观测变量都受到一个或多个共同因子的影响，这些共同因子是影响变量变异的主要原因。共同因子是隐藏在观察到的变量背后的潜在变量，它们能够解释变量之间的相关性。例如，在用户行为研究中，不同品牌的产品可能具有相似的特性，这些特性可能受到一个共同因子如品牌形象的影响。

（3）变量的线性关系：因子分析假设变量之间呈线性关系，即一个变量的变化与另一个变量的变化呈正比或反比。这意味着，当我们观察两个变量之间的关系时，我们可以期望它们之间存在一种直线关系。例如，在市场研究中，销售额与广告支出之间的关系可能呈线性增长，表明随着广告支出的增加，销售额会相应增加。

（4）无共同方法偏差：因子分析假设各变量之间不存在共同方法偏差，即测量误差对各变量具有相同的影响。共同方法偏差是指由于测量方法或数据收集过程中的某些问题，不同变量之间存在不应有的相关性。如果存在共同方法偏差，因子分析的结果就可能扭曲，因此，在进行因子分析之前，需要确保数据收集和测量过程中没有引入共同方法偏差。

4. 因子载荷与解释

因子载荷是因子分析中的一个核心概念，它量化了变量与潜在因子之间的关联强度。在因子分析中，因子载荷系数的取值范围为-1～1，这个范围允许我们评估变量与因子之间的相关程度，以及这种关系的方向。因子载荷系数的绝对值越接近1，表明变量与因子之间的相关性越强，这意味着变量在较大程度上受到相应因子的影响。

（1）正因子载荷：当因子载荷系数为正时，表明变量与因子之间存在正相关关系。这意味着随着因子的增加，变量的值也会相应增加。例如，在用户体验研究中，如果一个变量表示用户对产品易用性的评价，而另一个变量表示用户对产品的整体满意度，那么这两个变量可能具有正因子载荷，表明增强易用性的会提高用户的整体满意度。

（2）负因子载荷：当因子载荷系数为负时，表明变量与因子之间存在负相关关系。这意味着随着因子的增加，变量的值会相应减少。例如，在用户行为研究中，如果一个变量表示用户对产品价格的满意度，而另一个变量表示用户对产品价值的评价，那么这两个变量可能具有负因子载荷，表明价格的降低可能会提高用户对产品价值的评价。

对因子载荷系数的解释如下。

(1)绝对值大于0.7的因子载荷。这种高强度的因子载荷表明变量与因子之间存在高度相关性，因子对变量的解释程度较高。在这种情况下，因子分析的结果表明，一个变量在统计上几乎完全由一个或多个共同因子解释。例如，在市场研究中，如果一个变量表示用户对品牌忠诚度的评价，而因子载荷显示它与品牌形象因子高度相关，那么我们可以得出结论，品牌形象是影响用户忠诚度的主要因素。

(2)绝对值为0.3~0.7的因子载荷。这种中等强度的因子载荷表明变量与因子之间存在中度相关性，因子对变量的解释程度一般。在这种情况下，因子分析的结果表明，变量在一定程度上受到共同因子的影响，但也可能受到其他因素的影响。例如，在员工满意度研究中，如果一个变量表示员工对工作环境的评价，而因子载荷显示它与工作满意度因子中度相关，那么我们可以推断，工作环境是影响员工满意度的因素之一，但还有其他因素在起作用。

(3)绝对值小于0.3的因子载荷。这种低强度的因子载荷表明变量与因子之间存在低度相关性，因子对变量的解释程度较差。在这种情况下，因子分析的结果表明，变量几乎不受共同因子的影响，或者存在其他未考虑的因素。例如，在产品特性研究中，如果一个变量表示产品的某个特定功能，而因子载荷显示它与任何共同因子都不相关，那么我们可以推断，这个特定功能可能是一个独立的因素，不受其他共同因子的影响。

在实际应用中，研究者需要根据因子载荷系数的大小和方向，结合实际情况和理论背景，对变量与因子之间的关系进行合理解释。因子载荷的分析结果可以帮助研究者识别影响特定现象的关键因素，并为后续制订干预策略提供依据。通过深入了解因子载荷的含义和应用，研究者可以更有效地利用因子分析来揭示复杂现象背后的潜在机制。

5. 因子的命名与解释

在因子分析的过程中，对提取的因子进行命名和解释是至关重要的步骤。因子命名不仅能为因子分析的结果提供一个清晰的概念框架，还有助于理解因子所代表的意义。因子的命名通常基于因子载荷系数较高的变量，这些变量被视为因子的主要指标。

例如，在用户体验研究中，如果一个因子与“易用性”这一变量的因子载荷系数较高，那么这个因子可能会被命名为感知易用性因子。这个名称反映了因子所代表的含义，即用户对产品易用性的感知和评价。感知易用性因子可能包括用户对产品界面设计、操作流程、学习曲线等方面的评价。

因子的解释需要综合考虑因子载荷系数、变量内容及研究背景，具体如下。

（1）因子载荷系数：分析因子载荷系数是理解因子与变量之间相关程度的关键。高载荷系数表明变量与因子之间存在强相关性，而低载荷系数则表明相关性较弱。例如，如果一个因子载荷系数接近 1，那么可以认为变量几乎完全由该因子解释；相反，如果一个因子载荷系数接近 0，那么可以认为变量与该因子之间的相关性很弱。

（2）变量内容：可以根据变量内容推断因子所代表的含义。变量通常代表特定的概念或维度，因此，可以根据变量的定义和测量方法，推断出因子所代表的意义。例如，在员工满意度研究中，如果一个因子与“工作环境”这一变量的因子载荷系数较高，那么可以推断该因子代表员工对工作环境的满意程度。

（3）研究背景：可以结合研究背景对因子进行合理的解释。研究背景提供因子分析的具体情境，包括研究目的、研究样本、行业领域等。通过考虑这些背景信息，可以对因子进行更准确和有意义的解释。例如，在市场研究中，如果一个因子与“品牌形象”这一变量的因子载荷系数较高，那么可以解释该因子为消费者对品牌形象的评价和认知。

在解释因子时，研究者需要综合考虑以上几个方面，以确保因子解释的准确性和合理性。因子的命名和解释不但能帮助研究者理解因子分析的结果，而且可为后续的干预策略和产品优化提供指导。通过准确解释因子的含义，研究者可以更好地理解复杂现象背后的潜在机制，并为问题的解决提供有针对性的建议。因此，因子的命名和解释是因子分析的重要环节，需要研究者仔细考虑和综合分析。

（二）在用户研究中的应用

因子分析在用户研究中的应用是多方面的，它可以帮助研究者深入理解用户的行为、心理、体验及反馈。以下是因子分析在用户研究中的几个应用领域。

1. 用户行为与心理的因子分析

在研究用户使用产品或服务的动机、态度和行为时，因子分析可以揭示影响用户行为与表现的深层次因素。例如，在一项移动应用使用研究中，研究者可能发现用户使用某个应用的主要动机包括便捷性、娱乐性和社交互动。通过因子分析，研究者可以识别这些动机背后的共同因子，如“用户体验”或“满足感”，这些因子可以解释用户行为的多维度特征。

因子分析可以帮助研究者了解用户行为和心理的内在联系。例如，在电商平台上，用户购买行为的背后可能涉及多个因素，如产品价格、品质、口碑、品牌形象等。通过因子分析，研究者可以提炼出影响用户购买行为的共同因子，如“性价比”“品牌信任度”等，从而为电商平台提供有针对性的营销策略。

此外，因子分析还可用于研究用户的心理特征。例如，在社交网络平台相关的研究中，用户的心理需求可能包括归属感、自尊心、自我实现等。通过因子分析，研究者可以挖掘这些心理需求的共同因子，如“社交认同”“自我展示”等，从而为社交网络平台提供更符合用户心理需求的功能设计和服务。

2. 用户体验的因子分析

在研究用户对产品或服务的满意度、感知价值、情感反应等方面时，因子分析可以帮助研究者理解用户体验的构成要素。例如，在一款在线教育平台的用户体验研究中，因子分析结果表明“课程质量”“互动性”“学习支持”是影响用户满意度的关键因素。这些因子可以帮助教育平台提供商了解用户期望的具体内容，从而改进产品。

因子分析在用户体验研究中的应用，不仅有助于研究者识别影响用户满意度的关键因素，还可以帮助研究者了解这些因素之间的相互关系。例如，在电商平台的研究中，研究者可能发现“商品多样性”“价格合理性”“物流速度”是影响用户满意度的三个主要因素。通过因子分析，研究者可以进一步了解这些因素之间的内在联系，如“商品多样性”和“价格合理性”可能存在一定的替代关系，而“物流速度”则可能对其他两个因素产生强化作用。

此外，因子分析还可用于研究用户在不同场景下的体验需求。例如，在研究用户对智能家居产品的体验需求时，研究者可能发现“易用性”“安全可靠性”“智能化程度”是影响用户满意度的关键因素。这些因子可以帮助智能家居产品提供商了解用户在不同场景下的体验需求，从而为用户提供更加个性化和贴心的产品和服务。

3. 用户画像与细分市场的因子分析

在根据用户特征和行为对用户进行分类时，因子分析可以揭示不同用户群体的共同特征。例如，在对一家电商平台的用户进行分析时，因子分析可以帮助识别不同的用户群体，如“价格敏感型”用户、“品牌忠诚型”用户、“时尚追随型”用户。针对这些用户群体，可以根据他们的购物行为、品牌偏好和消费心理进行细分，从而有助于电商平台提供更精准地定位市场并提供个性化服务。

因子分析在用户画像与细分市场研究中的应用，不仅有助于电商平台了解不同用户群体的特征，还可以帮助研究者发现用户群体之间的潜在联系。例如，在研究社交媒体平台的用户群体时，研究者可能发现“社交互动型”用户、“信息获取型”用户、“娱乐消遣型”用户是三个主要的用户群体。通过因子分析，研究者可以进一步了解这些用户群体之间的相互关系，如“社交互动型”用户可能在一定程度上与“信息获取型”用户重叠，而“娱乐消遣型”用户则可能相对独立。

此外，因子分析还可用于研究用户在不同细分市场的需求。例如，在研究消费者对食品产品的需求时，研究者可能发现“健康营养”“口感美味”“价格实惠”是影响消费者购买决策的关键因素。通过因子分析，研究者可以进一步了解这些因素在不同细分市场中的重要性，如“健康营养”在高端市场中的重要性可能高于“价格实惠”，而在大众市场中，“价格实惠”可能更为重要。

4. 用户反馈与改进的因子分析

在分析用户反馈以识别产品或服务的改进机会时，通过因子分析可以揭示用户不满的具体原因。例如，在对一款智能手机的用户反馈进行分析时，通过因子分析可能发现“电池续航”“屏幕刷新率”“摄像头性能”是用户较关注的问题。这些因子可以帮助手机制造商了解具体的用户需求，从而在产品设计和功能改进上进行针对性的调整。

因子分析在用户反馈与改进研究中的应用，不仅有助于研究者识别用户不满的具体原因，还可以帮助研究者了解这些原因之间的相互关系。例如，在研究用户对一家电商平台的反馈时，研究者可能发现“商品质量”“物流速度”“售后服务”是用户较关注的问题。通过因子分析，研究者可以进一步了解这些问题之间的内在联系，如“商品质量”可能直接影响用户的满意度和忠诚度，而“物流速度”“售后服务”则可能对用户满意度产生间接影响。

此外，因子分析还可用于研究用户在不同场景下的反馈需求。例如，在研究用户对一家酒店的反馈时，研究者可能发现“房间舒适度”“餐饮质量”“员工服务态度”是影响用户满意度的关键因素。这些因子可以帮助酒店管理者了解用户在不同场景下的反馈需求，从而为用户提供更加个性化和贴心的服务。

5. 市场竞争的因子分析

在市场竞争研究中，因子分析可以帮助研究者了解不同竞争对手的优势和劣势。例如，在研究一家电商平台的竞争对手时，因子分析可能揭示“商品种类”“价格优势”和“物流速度”是影响用户选择的关键因素。这些因子可以帮助电商平台了解竞争对手的优势和劣势，从而制订有针对性的市场策略。

因子分析在市场竞争研究中的应用，不仅有助于研究者识别不同竞争对手的优势和劣势，还可以帮助研究者了解这些因素之间的相互关系。例如，在研究两家快消品牌的竞争时，研究者可能发现“品牌知名度”“产品质量”“市场推广力度”是影响消费者选择的关键因素。通过因子分析，研究者可以进一步了解这些因素之间的内在联系，如“品牌知名度”可能对其他两个因素产生强化作用，而“产品质量”则可能直接影响消费者的购买决策。

此外，因子分析还可用于研究消费者在不同市场环境下的选择行为。例如，在研究消费者对新能源汽车的选择时，研究者可能发现“续航里程”“充电便利性”“环保性能”是影响消费者购买决策的关键因素。这些因子可以帮助新能源汽车制造商了解消费者在不同市场环境下的选择行为，从而为消费者提供更加符合需求的产品和服务。

三、聚类分析

聚类分析是一种多变量统计方法，主要用于将一群对象或数据点分成有意义的、同质的子集(簇)。在这个过程中，研究者会根据数据点的特征和属性，将相似的数据点归为一类，形成一个簇。这样，研究者可以通过观察不同簇的特点，来探索数据的结构，发现隐藏的模式和规律，帮助相关人员理解数据之间的关系。

聚类分析在用户研究中具有重要的作用。通过聚类分析，研究者可以快速地发现用户群体的特征和行为模式。例如，研究者可以根据用户的消费习惯、浏览行为、兴趣爱好等信息，将用户分为不同的簇，这样就可以针对不同的用户群体，提供个性化的产品和服务，从而提高用户的满意度和忠诚度。

此外，聚类分析还可以用于市场细分。通过聚类分析，企业可以了解用户的需求和喜好，从而制订更精准的市场策略。例如，企业可以根据用户的购买行为、品牌偏好等信息，将用户分为不同的簇；然后，针对每个簇的特点，企业可以推出相应的产品和服务，以满足用户的需求。

聚类分析还可以用于其他领域，如社交网络分析、图像识别、文本挖掘等。在这些领域中，聚类分析可以帮助我们更好地理解数据，发现隐藏的模式和规律，为决策提供有力的支持。

（一）内容及方法

聚类分析是一种无监督的学习方法，它通过分析数据集中的特征，将相似的数据点归为一类，从而揭示数据中的隐藏结构。聚类分析通常需要遵循以下主要步骤。

（1）数据准备：在进行聚类分析之前，首先需要对数据进行预处理。这一步骤包括将数据转换成适合聚类分析的格式，选择合适的变量，处理缺失值和异常值等。数据预处理是聚类分析的基础，直接影响聚类结果的质量。对于缺失值，我们可以选择填充、删除或插值等方式进行处理；对于异常值，我们可以采用标准化、归一化等方法进行修正。

（2）相似性或距离度量：在聚类分析中，我们需要确定用于度量对象之间相似性或距离的标准。因为聚类分析的目的是将相似的数据点归为一类，所以我们需要知道哪些数据点是相似的。常用的相似性度量方法包括皮尔逊相关系数、余弦相似度等。而欧氏距离是最常用的距离度量方法，它计算的是多维空间中两个点之间的直线距离。

（3）聚类算法：选择合适的聚类算法来创建簇是聚类分析的关键步骤。聚类算法有很多种，包括层次聚类法、*K*-均值聚类法、密度聚类法、谱聚类法等。不同的聚类算法有不同的原理和适用场景，因此，我们需要根据实际问题和数据特点选择合适的聚类算法。例如，层次聚类法是一种自下向上的方法，它通过计算对象之间的相似性，将相似的对象逐步合并成簇；*K*-均值聚类法是一种迭代的方法，它通过迭代优化簇的中心，将数据点分配到不同的簇。

（4）簇的评估：聚类完成后，我们需要评估聚类结果的质量。这一步骤包括评估簇的紧密性、簇之间的分离性、簇的数量等。常用的簇评估标准包括轮廓系数、戴维森-鲍丁指数、卡林斯基-哈拉巴斯指数等。例如，轮廓系数是衡量簇的紧密性和簇之间的分离性的指标，它的取值范围是[-1，1]，越接近1，就表示聚类效果越好。

（二）在用户研究中的应用

聚类分析在用户研究中的应用是多方面的，它通过将用户根据其行为、特征和偏好划分为不同的群体，帮助企业更好地理解用户需求，优化产品和服务，提高用户满意度和忠诚度。以下是聚类分析在用户研究中的主要应用领域。

（1）用户分群：聚类分析在用户分群中的应用是最直接的。通过分析用户的行为数据、消费习惯、兴趣偏好等信息，聚类分析可以将用户群体划分为不同的细分市场。例如，企业可能发现一组用户对高端产品感兴趣，而另一组用户则更倾向于性价比高的产品。这样的用户细分可以帮助企业更精准地定位市场，为不同细分市场的用户提供定制化的产品和服务。

（2）用户画像：用户画像是对用户群体特征的详细描述，它包括用户的年龄、性别、教育背景、职业、兴趣爱好、消费习惯等。聚类分析可以通过分析大量的用户数据，帮助研究者了解每个用户群体的特征和行为模式，从而创建用户画像。这些用户画像对于产品设计、市场营销策略制订、用户服务优化等方面都具有重要价值。

（3）用户流失预测：在商业活动中，用户的流失是一个需要高度关注的问题。聚类分析可以通过分析用户的行为和特征数据，如购买频率、服务使用情况、满意度等，将用户划分为不同的群体，并识别出具有较高流失风险的用户群体。一旦识别出这些群体，企业就可以采取相应的挽留措施，如提供特别优惠、个性化服务、改善产品体验等，以降低用户流失率。

（4）产品推荐：个性化推荐是现代电子商务和在线服务中的一项重要功能。聚类分析可以根据用户的购买历史、浏览记录、搜索记录等行为数据将用户划分为不同的群体，并针对每个群体推荐更适合的产品或服务。这种基于用户行为的推荐系统能够提高推荐的准确性和用户的购买转化率。

（5）用户体验优化：聚类分析可以帮助企业识别用户在使用产品或服务时遇到的问题，并针对这些问题进行改进。例如，通过分析用户的行为数据和使用反馈，聚类分析可以揭示哪些用户群体在特定功能上遇到困难，或者对产品的哪些方面不满意。企业可以根据这些信息对产品进行迭代优化，提升用户体验。

（6）市场趋势分析：聚类分析还可以用来分析市场趋势。通过观察不同用户群体的行为变化，企业可以发现市场的新趋势和新需求。例如，某个用户群体开始对健康产品表现出较高的兴趣，这可以提示企业关注健康市场。

（7）广告定位：在广告投放中，聚类分析可以帮助企业精准定位目标用户。通过分析用户的行为和偏好，企业可以确定哪些用户更有可能对特定广告产生反应，从而提高广告效率和投资回报率。

总之，聚类分析在用户研究中的应用是多维度的，它不仅能帮助企业理解用户需求，还可以为产品开发、市场营销、客户服务等领域提供数据支持。通过聚类分析，企业可以更有效地满足用户需求，提升用户满意度，增强市场竞争力。然而，在聚类分析的应用过程中也需要注意数据的准确性和隐私保护等问题，确保分析过程的合法性和道德性。

四、回归分析

回归分析，是一种基于统计理论的预测方法，用于研究两个或多个变量间的关系。回归分析的目的是通过已知变量的值，预测未知变量的值。回归分析在多个领域都有广泛的应用，如经济学、生物学、心理学、用户研究等。其主要作用有预测、分析变量间关系、数据降维、评估模型。

（1）预测：回归分析可以通过已知变量的值，预测未知变量的值，为决策提供依据。例如，在经济学中，通过回归分析可以预测未来的销售额，从而帮助制订生产计划和营销策略。在用户研究中，可以通过回归分析预测用户行为，从而优化产品设计和服务。

（2）分析变量间关系：回归分析可以用来分析两个或多个变量之间的关系，从而揭示变量间的内在联系。例如，在生物学中，通过回归分析可以研究生物特征与环境因素之间的关系，揭示生物的生长规律和生态适应性。在心理学中，可以通过回归分析研究人的行为与心理因素之间的关系，揭示人的心理活动和行为规律。

（3）数据降维：通过对数据进行回归分析，可以降低数据的维度，从而简化数据的分析和处理。例如，在大型数据集中，可能存在大量的变量，通过回归分析可以筛选出对预测结果影响最大的变量，从而降低数据的维度，简化数据分析的过程。

（4）评估模型：回归分析可以用于评估模型的预测效果，如通过回归分析可以评估一个预测模型的准确性。例如，在机器学习中，可以通过回归分析评估模型的预测性能，从而选择最优的模型进行预测。

（一）方法及内容

回归分析的方法众多，常用的有线性回归、逻辑回归、多项式回归等。下面简要介绍这三种方法的基本内容和原理。

（1）线性回归。线性回归是较常用的回归方法之一，其基本思想是假设因变量与自变量之间存在线性关系，通过拟合一个线性方程来描述这种关系。线性回归模型通常表示为 $Y=\beta_0+\beta_1X_1+\beta_2X_2+\cdots+\beta_nX_n+\varepsilon$，其中 Y 是因变量，X_1，X_2，…，X_n 是自变量，β_0，β_1，β_2，…，β_n 是回归系数，ε 是误差项。线性回归模型的优点是简单易用，易于理解和解释，但其缺点是对于非线性关系拟合效果不佳。

（2）逻辑回归。逻辑回归是用于处理因变量为二分类因变量（如成功／失败、是／否）的回归方法，其基本思想是假设因变量与自变量之间存在逻辑关系，通过拟合一个逻辑方程来描述这种关系。逻辑回归模型通常表示为 $P(Y=1 \mid X)=\pi(X)=\beta_0+\beta_1X_1+\beta_2X_2+\cdots+\beta_nX_n$，其中 Y 是因变量，X_1，X_2，…，X_n 是自变量，β_0，β_1，β_2，…，β_n 是回归系数。逻辑回归模型的优点是适用于二分类因变量，可以给出概率估计，但其缺点是对于多分类因变量拟合效果不佳。

（3）多项式回归。多项式回归是用于处理因变量与自变量之间存在多项式关系的回归方法，其基本思想是假设因变量与自变量之间存在多项式关系，通过拟合一个多项式方程来描述这种关系。多项式回归模型通常表示为 $Y=\beta_0+\beta_1X+\beta_2X^2+\cdots+\beta_nX^n+\varepsilon$，其中 Y 是因变量，X 是自变量，β_0，β_1，β_2，…，β_n 是回归系数，ε 是误差项。多项式回归模型的优点是适用于非线性关系，可以更好地拟合复杂的数据，但其缺点是模型复杂度较高，计算和解释较为困难。

（二）在用户研究中的应用

回归分析在用户研究中有广泛的应用，主要表现在以下几个方面。

（1）预测用户行为：在用户研究中，预测用户在未来可能的行为是一项重要任务。通过回归分析，研究者可以基于用户的历史行为数据，建立预测模型，从而预测用户在未来可能购买的物品、可能访问的网站、可能使用的应用程序等。例如，电商平台可以通过分析用户的历史购物记录，预测用户在未来可能感兴趣的物品，并向用户推荐相关商品。这种预测有助于提升用户的购物体验，同时也能为企业带来更高的销售额。

（2）分析用户需求：了解用户的需求和偏好对于产品开发和市场推广至关重要。通过回归分析，研究者可以分析用户的历史购买数据、浏览行为、问卷调查结果等，深入了解用户的购买偏好、使用习惯、心理需求等。这些分析结果有助于企业制订更符合用户需求的产品策略，提高用户满意度和忠诚度。例如，手机制造商可以通过分析用户对手机各种功能的满意度，了解用户对手机性能、外观、价格等方面的需求，从而优化产品设计和功能。

（3）优化产品设计：产品设计的优化是提升用户体验的关键。通过回归分析，研究者可以了解用户对产品各功能的满意度、使用频率、评价等，从而发现产品设计中存在的问题和不足。基于这些分析结果，设计师可以对产品进行改进和优化，提高用户满意度。例如，社交媒体平台可以通过分析用户对平台各功能的满意度，了解用户的需求，从而对界面设计、功能布局、操作流程等方面进行优化。

（4）评估产品使用效果：评估产品对用户的影响是用户研究的重要任务。通过回归分析，研究者可以分析用户使用产品前后的行为数据、心理数据等，评估产品的使用效果。例如，通过分析用户在购买某款手机前后对该手机品牌的满意度、购买意愿等数据，可以评估这款手机对用户的影响。这些评估结果有助于企业了解产品的市场表现，为进一步改进产品和市场策略提供依据。

五、相关性与差异性分析

相关性分析和差异性分析是统计学中两种重要的分析方法，它们在研究变量之间的关系和差异方面扮演着重要角色。这两种方法各自有不同的目的和应用场景，但都是帮助研究者探索和解释数据背后的规律和联系的重要工具。

相关性分析的核心目的是探究两个变量之间的线性关系。通过相关性分析，研究者可以了解变量之间是否相互影响，以及相关密切程度。相关系数是衡量两个变量相关性的量化指标，其数值范围从-1到1。当相关系数接近1时，表示两个变量之间存在强正相关，即一个变量的增加（或减少）会伴随另一个变量的增加（或减少）；当相关系数接近-1时，表示两个变量之间存在强负相关，即一个变量的增加（或减少）会导致另一个变量的减少（或增加）；当相关系数接近0时，表示两个变量之间没有线性相关性。

相关性分析在社会科学、自然科学和医学研究中都有广泛应用。例如，在经济学中，研究者可能会使用相关性分析来探究用户的收入水平与他们购买奢侈品的关系；在医学研究中，研究者可能会分析患者的血压和心率之间的相关性，以了解心血管健康的相关指标。

差异性分析则关注于确定两个或多个变量之间是否存在统计上的显著差异。这种分析通常用于比较两个或多个独立样本、匹配样本或重复测量样本的平均值。差异性分析的结果通常用 P 来表示，P 值是衡量统计显著性的一个指标。当 P 值小于 0.05 时，人们通常认为两个变量之间存在显著差异，即观察到的差异不太可能是由随机因素造成的；当 P 值大于 0.05 时，人们认为两个变量之间不存在显著差异，即观察到的差异可能是由随机因素造成的。

差异性分析在实验设计、产品质量控制、市场调研等领域都非常重要。例如，在药物测试中，研究者可能会比较不同治疗组之间的疗效差异；在用户行为研究中，研究者可能会分析不同品牌的产品在市场上的表现差异。

当然，上述两种分析方法也有其局限性，例如相关性分析只能揭示变量之间的线性关系，而差异性分析依赖于样本的随机性和数据的正态分布。因此，在使用这些方法时，研究者需要仔细考虑数据的特点和分析的背景，以确保分析结果的准确性和可靠性。

（一）内容及方法

在统计学中，相关性分析和差异性分析是两种常用的方法，用于探究变量之间的关系和差异。这两种分析方法在步骤上有很多相似之处，都需要经过以下五个步骤。

1. 确定需要分析的变量

首先，研究者需要明确研究目的，确定需要分析的变量。这些变量可能包括定量变量、定性变量或者时间序列变量等。确定变量是分析的前提，因为只有明确需要分析的变量，才能进一步收集和分析数据。

2. 收集数据

在确定需要分析的变量之后，研究者需要收集相关的数据。数据收集可以通过多种方式进行，如问卷调查、实验观测、二手数据收集等。收集数据时要确保数据的准确性和可靠性，因为数据质量直接影响分析结果。

3. 选择合适的统计方法

收集到数据后，研究者需要选择合适的统计方法进行分析。不同的数据类型和分析目的可能需要不同的统计方法。例如，相关性分析通常使用相关系数来衡量变量之间的线性关系，而差异性分析则可能使用 t 检验、方差分析等方法来比较变量之间的差异。

4. 分析数据

选择合适的统计方法后，研究者可以开始分析数据。这一步骤通常涉及使用统计软件或编程语言（如 SPSS、R、Python 等）来进行数据处理和计算。分析数据时要遵循统计方法的要求，如正态分布、方差齐性等，以确保分析结果的准确性。

5. 解释结果

分析完数据后，研究者需要解释分析结果。这一步骤是对分析结果的解读和阐述，需要结合研究背景、研究目的和实际意义来解释分析结果。例如，如果相关性分析结果显示两个变量之间存在正相关，研究者需要解释这意味着什么，以及这种关系对研究问题有何启示。

通过以上步骤，研究者可以更好地理解变量之间的关系和差异，为解决研究问题提供有力的支持。然而，需要注意的是，这两种分析方法都有前提条件，并有一定的局限性，因此在应用时需要谨慎对待，确保分析结果的准确性和可靠性。

（二）在用户研究中的应用

在用户研究领域，相关性分析和差异性分析是两种强大的统计分析工具，它们可以帮助研究者深入理解用户行为、需求和体验。以下是这两种分析方法在用户研究中的应用。

1. 用户需求调查

在产品设计初期，了解用户的需求至关重要。相关性分析可以帮助研究者通过问卷调查、访谈等方式，识别用户最关心的需求。例如，通过分析用户对产品功能的需求程度与使用频率之间的关系，可以确定哪些功能是用户最希望拥有的。差异性分析则可以揭示不同用户群体之间的需求差异，如不同年龄、性别、职业等背景的用户可能对同一产品的需求有不同的偏好。这种分析可以帮助企业针对性地满足不同用户群体的需求，提供更加个性化的产品和服务。

2. 用户行为分析

用户行为数据分析可以帮助企业了解用户的互动模式和购买习惯。相关性分析可以用来探究用户行为之间的关联性。例如，分析用户访问网站的频次与用户购买产品的可能性之间的相关性，可以帮助企业了解哪些用户更有可能成为潜在买家，从而优化营销策略。差异性分析则可以用来比较不同用户群体在行为上的差异，如新手用户和老用户在产品使用频率上的差异，这些信息对于产品迭代和用户分群策略制订非常有价值。

3. 用户满意度调查

用户满意度是衡量产品或服务成功与否的关键指标。相关性分析可以用来研究用户满意度与用户体验之间的相关性，如分析用户对产品界面设计的满意度与用户整体满意度的关系。差异性分析则可以揭示不同用户群体在满意度上的差异，如不同年龄段的用户对同一产品服务的满意度可能不同。这些分析结果可以帮助企业了解哪些方面需要改进，以提升用户的整体满意度。

4. 用户流失分析

用户流失率是衡量企业客户保留能力的重要指标。相关性分析可以用来研究用户流失率与用户体验之间的相关性，如分析用户对产品价格的满意度与用户流失率的关系。差异性分析则可以用来比较不同用户群体的流失率差异，如分析不同消费水平的用户流失情况。这些分析可以帮助企业识别流失风险较高的用户群体，并采取相应的挽留措施。

六、研究案例

大学生睡眠质量与手机依赖问题之间的关系探讨

1. 被试

调查问卷的主要对象为中南大学各个院校各个专业的在读大学生(本科生及研究生)。本项目样本数据来源是2021年10月从某高校在校大学生中随机抽取115名大学生作为调查对象进行的问卷调查。实际回收问卷115份，问卷回收率100%。根据完成时间、陷阱题、所有题项同一答案和相反答案的筛选原则过滤后，共有效问卷94份。男生43人，占比45.74%，女生51人，占比54.26%。年级分布：其中本科低年级(大一、大二)28人(29.79%)，本科高年级(大三、大四、大五)59人(62.77%)，研究生及以上7人(7.45%)。专业分布：医学类22人，占比23.4%，理工类34人，占比36.17%，文法经济艺体类38人，占比40.43%。

2. 问卷设计

本项目参考匹兹堡睡眠质量指数量表(pittsburgh sleep quality index, PSQI),编制了大学生睡眠与手机使用情况的调查问卷并进行调查,调查问卷采用匿名方式。

问卷主要结构归纳来源于研究背景调研及结构性访谈结果,主要结构分为以下三个维度(图 5-1)。

(1)睡眠基本情况。

(2)睡前手机使用情况。

(3)个人手机依赖认知情况。

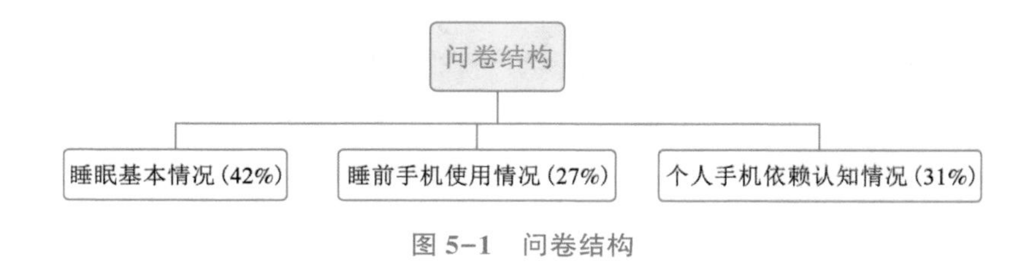

图 5-1　问卷结构

此次问卷共设计题目 17 项,其中,主要针对大学生群体在睡眠(6 项)、睡前手机使用(3 项),个人手机依赖认知(5 项)三个方面的情况进行调研,以设定结构性访谈大纲,初步定义产品主要功能。

3. 程序与方法

(1)通过网络宣传招募被试者。

(2)通过网络发放线上问卷。

(3)要求被试者收到问卷后立即填写。

(4)被试者通过网络填写。

(5)线上回收问卷,进行数据统计分析,撰写结论。

4. 统计结果与讨论

根据统计共收集到 94 份有效问卷。从睡眠基本情况、睡前手机使用情况及个人手机依赖认知情况三个维度,根据年级、专业和性别进行独立样本 t 检验、相关性分析及方差分析。

(1)睡眠基本情况维度。

在睡眠基本情况维度,通过独立样本 t 检验发现,睡眠质量与入睡时间、性别不存在显著性差异。独立样本 t 检验表明，性别与睡眠时长两组数据有显著差异（t=2.023，P=0.046，P<0.05），性别与睡眠后生活质量两组数据有显著差异（t=-2.835，P=0.006，P<0.05）。不同性别之间的睡眠时长及生活质量是有显著差异的，女生的睡眠时长及其生活质量的影响程度高于男生。

通过相关性分析发现，性别与睡眠时长的相关系数为-0.206，对应的显著性在右上角 * *，说明 P 值小于 0.01，二者具有显著负相关关系。性别与睡眠状况对身体状态的影响之间的相关系数为 0.363，对应的显著性在右上角 * *，说明 P 值小于 0.01，二者具有显著正相关关系。性别与睡眠质量、入睡时间、睡眠对生活状态的影响之间没有相关关系。

在年级方面，方差分析说明大学生对自我睡眠质量的满意度受到年级高低的影响（t=0.025，P<0.05），LSD 检验表明，本科高年级和本科低年级、研究生及以上差异显著（t=0.013，P<0.05）。且研究生及以上和本科生的入睡时间有显著差异（t=0.047，P<0.05），而本科高、低年级之间差异不明显（t=0.159，P>0.05）。

在专业方面，方差分析说明大学生对自我睡眠质量的满意度受到专业不同的影响（t=0.04，P<0.05），LSD 检验表明，医学类和理工类、文法经济艺体类差异显著（t=0.045，P<0.05）。且睡眠时长也受到不同专业的影响（t=0.017，P<0.05），LSD 检验表明，医学类和理工类、文法经济艺体类差异显著（t=0.005，P<0.01）。对于睡眠对身体状态的影响，医学类和理工类、文法经济艺体类差异显著（t=0.036，P<0.05）。

（2）睡前手机使用情况维度。

在睡前手机使用情况维度，独立样本 t 检验表明，性别与睡前玩手机的时长两组数据有显著差异（t=-4.847，P=<0.01），性别与睡前玩手机的频率两组数据有显著差异（t=9.957，P<0.01）。这说明玩手机的时长、频率由于性别的不同而存在显著差异。

通过相关性分析发现，性别与睡前玩手机的频率、时长的相关系数分别为 0.282、-0.539，对应的显著性在右上角 * *，说明 P 值小于 0.01，二者具有显著相关关系，其中性别与玩手机时长之间存在显著负相关关系。

在年级方面，方差分析说明睡前使用手机行为受到年级高低的影响（t=0.035，P<0.05），LSD 检验表明，本科低年级和本科高年级，研究生及以上差异显著（t=0.028，P<0.05）。除此之外，睡前使用手机的时长也受到年级高低

的影响($t=0.041$，$P<0.05$)，本科生和研究生及以上差异显著($t=0.019$，$P<0.05$)。

在专业方面，方差分析说明睡前使用手机行为受到专业不同的影响($t=0.002$，$P<0.01$)，LSD检验表明，文法经济艺体类和医学类、理工类差异显著($t=0.025$，$P<0.05$)。而对于睡前使用手机的时长，LSD检验表明，文法经济艺体类和医学类、理工类差异显著($t=0.046$，$P<0.05$)。

(3)个人手机依赖认知情况维度。

在个人手机依赖认知情况维度，独立样本t检验表明，性别与睡前使用手机的重要程度两组数据有显著差异($t=-2.403$，$P=0.018$，$P<0.05$)，说明睡前使用手机的重要程度在男女性别之间存在明显差异。

通过相关性分析发现，性别与睡前使用手机的重要程度之间的相关系数为0.243，对应的显著性在右上角 * *，说明P值小于0.01，二者具有显著正相关关系。而性别与玩手机对睡眠的影响及改善当前睡眠状况意愿程度无相关性。男生对玩手机的重视程度要高于女生。性别与改善当前睡眠状况意愿程度无显著关系。

在年级方面，方差分析说明睡前使用手机重要性受到年级高低的影响($t=0.029$，$P<0.05$)，LSD检验表明，本科生和研究生及以上差异显著($t=0.032$，$P<0.05$)。

在专业方面，对于睡前使用手机重要性，LSD检验表明，医学类、理工类和文法经济艺体类差异显著($t=0.034$，$P<0.05$)。

经以上数据分析总结发现，睡眠基本情况、睡前手机使用情况及个人手机依赖认知情况均因专业、性别、年级的差异而有所不同。例如，随着年级的升高，大学生对自我睡眠满意度逐渐降低；女生的睡眠时长及其生活质量的影响程度高于男生；对于睡眠时长与质量，医学生均低于其他学科学生，数据分析也表明大学生睡眠时长越长，身体状态越好；在睡前使用手机的问题上，文法经济艺体类学生比其他学科学生问题更严重。我们后续将性别、专业、年级间的具体差异通过构建用户模型反映出来。

(来源：中南大学　苏家玉、高岩)

第三节　用户数据的使用

一、用户后台数据

数据是企业运营的血液，是提升用户体验的基石。因此，制订详细的用户数据分析计划，对于提升企业效益、优化用户体验具有重要意义。用户数据是指与个人或组织使用产品、服务或系统相关的信息。这些数据可以包括个人身份信息、行为信息、偏好信息、交易信息等，它们通常在用户与产品、服务或系统交互过程中产生。

（一）制订用户数据分析计划

首先，我们需要明确要收集什么类型数据，这些数据又属于用户体验的哪些部分。例如，用户满意度、用户留存率、用户活跃度等都是我们需要关注的重要数据。它们可以帮助我们了解用户对产品或服务的满意度，以及产品或服务的优势和不足。

其次，我们需要确定哪些衡量指标对整个组织和特定的利益相关人至关重要。例如，对于管理层，他们可能更关注利润、市场份额等指标；而对于一线员工，他们可能更关注用户满意度、投诉率等指标。明确这些指标后，我们可以更有针对性地进行数据收集和分析。

再次，我们需要明确谁负责收集数据，以及如何获得这些数据。一般来说，数据收集工作可以由数据分析师、市场研究人员或运营人员来完成。他们可以通过问卷调查、用户访谈、数据分析工具等方式，收集所需的数据。

最后，我们需要了解现有数据可以追溯到何时。这可以帮助我们了解数据的时效性，以及我们是否需要补充或更新数据。

在用户数据分析计划中，我们还需要关注数据的安全性。我们需要确保数据的收集、存储和使用过程符合相关法律法规，保护用户的隐私和信息安全。

（二）网站和 App 用户数据分析

在当今数字化时代，网站和应用程序已成为企业与用户沟通的重要桥梁。为了更好地了解用户行为，提升用户体验，所有网站和应用程序都会把相关使用数据作为运营的一部分进行收集。这些数据通常被记录在日志文件这样的文本文件里。

日志文件是一种详细记录用户行为、网站性能和系统错误等内容的文本文件。如果有权访问这些日志文件，就能够在之后通过软件应用程序运行它们，对文本进行分析并以便于阅读的形式呈现这些统计数据，如图形、图表和表单。这些统计数据可以帮助了解用户访问行为、页面浏览量、用户来源、用户设备等信息，从而为网站优化和用户体验提升提供数据支持。

除了日志文件分析，许多网站和应用程序都通过网页标记和主机分析服务来收集使用数据。网页标记是一种在网站页面中添加的一段代码，用于追踪用户行为和网站性能。通过网页标记，相关人员可以收集到用户点击、页面浏览、停留时间等数据。而主机分析服务，如谷歌网站分析工具（Google Analytics），则是一种专业的数据分析工具，可以帮助相关人员更深入地了解用户行为和网站性能。

谷歌网站分析工具是一款功能强大的数据分析工具，它可以帮助相关人员追踪用户来源、用户行为、转化率等关键指标。通过这款工具，可以了解用户是如何找到网站的，他们在网站上做了什么，以及他们是否完成了设定的目标任务。这些数据可以帮助优化网站设计、提高用户留存率和转化率。

在使用网站分析工具时，需要确保数据的准确性和可靠性。因此，选择合适的分析工具和方法至关重要。此外，需要关注用户隐私保护，确保数据收集和分析过程符合相关法律法规，不侵犯用户隐私权益。

1. 基于网站的统计数据

在整个网站的度量指标中，首先要关注的是在特定时期内浏览的网页总数。该数据可以帮助我们了解网站的流量情况，以及用户对网站内容的兴趣程度，从而为用户提供更丰富、更有价值的内容。特定用户的数量是指在特定时期内，访问网站的唯一用户数量。该数据可以帮助我们了解网站的用户规模，以及用户群体是否稳定。它帮助我们了解用户是否具有黏性，以及网站是否能够吸引新用户。在特定时期内活跃用户的数量是指在同一时间段内与网站互动的用户数量。这个指标可以帮助我们了解用户的活跃程度和网站能否吸引用户参与，以及网站是否能够满足用户的需求。

流量随时间的变化可以帮助我们了解用户访问网站的时段分布，以及网站在不同时间段的热度。通过分析这些数据，可以确定用户访问网站的高峰时间段。浏览器和设备是用户访问网站时所使用的工具。通过分析其数据，我们可以了解到用户访问网站的主要浏览器和设备类型。推荐网站是指用户在访问网站之前，所访问的其他网站。通过分析，我们可以了解到用户在访问网站之前的主要活动。新用户和老用户是我们在分析用户数量时，需要关注的两个重要指标。新用户可以帮助我们了解网站是否能够吸引新用户，而老用户则可以帮助我们了解网站能否留住老用户。搜索引擎推荐关键词是用户在通过搜索引擎找到网站时所使用的关键词。通过分析该数据，我们可以了解到用户在寻找网站时的主要需求。特定内容的受欢迎程度是指用户在网站上对特定内容的浏览量、互动量等指标。它可以帮助我们了解用户对网站的哪些内容更感兴趣。

2. 基于会话的统计数据

基于会话的统计数据可以帮助我们了解用户在网站上的活动情况，从而为用户提供更好的服务。每个会话的网页平均数量是指在每一个会话中，用户浏览网页的平均数量。通过分析这个指标，我们可以了解到用户在访问网站时，平均会浏览多少个网页。这个指标可以帮助了解用户的浏览习惯，以及网站能否满足用户的需求。会话的平均时长和每个网页的时间是指用户在访问网站的过程中每个会话的平均时长，以及用户在浏览每个网页时所花费的平均时间。通过分析这个指标，可以了解用户在访问网站时的时间投入，以及用户对每个网页的兴趣程度。这个指标可以帮助了解用户的活跃程度，以及网站能否吸引用户参与。第一个页面和最后一个页面是指在用户访问网站的过程中，用户首先访问的页面和最后访问的页面。通过分析这两个指标，我们可以了解用户在访问网站时的起始点和结束点。

除了以上提到的数据，还有一些其他的基于会话的统计数据也值得关注，如点击路径、停留时间、滚动行为等。这些指标可以帮助我们更深入地了解用户在网站上的行为模式，从而为用户提供更个性化的服务。

3. 用户行为分析指标

访问频率是指用户在特定时间内访问网站的次数。通过分析该数据，我们可以了解用户对网站的黏性，以及网站能否吸引和留住用户。访问频率可以帮助我们了解用户对网站的兴趣程度，以及网站能否满足用户的需求。保持率是指用户在访问网站后，能够在一定时间内继续访问的概率。通过该数据可了解用户对网站的忠诚度，以及网站能否留住用户。保持率可以帮助我们了解用户对网站的满意度，以及网站是否有持续的吸引力。

点击流分析(clickstream analysis)是指通过分析用户在网站上的点击行为，

了解用户的需求和兴趣，从而优化网站设计、提升用户体验和转化率的一种方法。点击流分析涉及许多方面的数据，如页面浏览、链接点击、鼠标移动等，这些数据可以帮助我们更好地了解用户在网站上的行为模式。

平均路径（average path）有助于了解用户在网站上的浏览深度，以及用户对网站内容的感兴趣程度。如果平均路径较短，就说明用户在网站上停留的时间较短，可能是因为网站内容无法满足用户需求或者网站导航设计不合理。反之，如果平均路径较长，就说明用户在网站上停留的时间较长，对网站内容较感兴趣。

在实际应用中，我们可以通过分析平均路径来优化网站结构和内容布局。例如，在关键页面设置相关链接，引导用户继续浏览，延长用户在网站上的停留时间；或者通过简化网站导航，使用户更容易找到所需内容，从而提升用户体验。

“下一个”网页（“next” page）是指用户在当前页面结束后，最有可能点击进入的页面。通过分析“下一个”网页，我们可以了解用户在网站上的行为模式，以及用户对网站内容的感兴趣程度。此外，我们还可以根据“下一个”网页的统计数据，优化网站内容布局和推荐策略，提升用户体验。

在实际应用中，我们可以通过以下方法分析“下一个”网页：统计每个页面结束后，用户点击进入的下一个页面的分布情况，找出最受欢迎的页面；分析热门页面之间的关联性，找出用户行为模式；根据用户兴趣，为用户推荐相关内容，增加用户在网站上的停留时长。

漏斗分析（funnel analysis）是指通过分析用户在网站上的行为模式，了解用户在购物、注册、下载等关键环节的转化情况。漏斗分析可以帮助我们找出转化过程中的瓶颈，从而优化网站设计和提高转化率。

在实际应用中，我们可以通过以下方法进行漏斗分析：统计每个环节的用户数量，分析各环节的转化率；对比不同环节的转化情况，找出转化过程中的瓶颈；针对瓶颈环节，优化网站设计和内容，提高转化率；定期进行漏斗分析，跟踪优化效果，持续改进网站设计。

4. 网络广告衡量指标

网络广告衡量指标（online advertising metrics）是指通过量化广告展示、用户互动和广告效果等数据，评估广告投放效果和投资回报率的一种方法。合理的网络广告衡量指标可以帮助广告主和广告平台了解广告的表现，从而优化广告策略，提高广告效果。

印象数(impressions)是指广告在用户浏览网页时展示的次数。通过统计广告的印象数，我们可以了解广告的曝光情况，以及广告在目标受众中的覆盖范围。印象数可以反映出广告的可见度和吸引力，是衡量广告投放效果的重要指标。

在实际应用中，我们可以通过以下方法分析印象：统计广告在不同平台、不同时间段的印象数，了解广告的曝光情况；对比不同广告的印象数，评估广告的吸引力；结合用户行为数据，分析广告印象与用户兴趣的匹配程度；根据广告印象数据，调整广告投放策略，提高广告曝光效果。

点击和花费的时间(click and time spent)是指用户点击广告后，在广告页面上停留的平均时间。通过分析点击和花费的时间，我们可以了解用户对广告内容的感兴趣程度，以及广告对用户的吸引力。

在实际应用中，我们可以通过以下方法分析点击和花费的时间：统计广告的点击数，了解广告的互动情况；分析点击用户在广告页面上的停留时间，评估广告内容的吸引力；对比不同广告的点击和花费时间，找出广告内容的优缺点；根据点击和花费时间数据，优化广告内容和投放策略，提高广告效果。

转化率(conversion rate)是指用户点击广告后，达成预期目标(如购买、注册、下载等)的比例。转化率是衡量广告效果的关键指标，它直接反映出广告对用户行为的引导能力。

在实际应用中，我们可以通过以下方法分析转化率：统计广告的转化次数，计算转化率；分析不同广告、不同时间段的转化率，了解广告效果；对比不同广告的转化率，找出广告内容的优缺点；根据转化率数据，优化广告内容和投放策略，提高广告效果。

二、用户反馈数据

用户反馈是衡量产品或服务质量的宝贵资源，它可以帮助企业了解用户的需求、期望和痛点，从而不断优化产品和服务，提升用户满意度。在数字化时代，用户反馈的收集和分析变得更加便捷，企业可以通过各种渠道收集用户反馈，包括在线调查、社交媒体、客户服务热线等。

(一)用户反馈定义及作用

用户反馈是指用户在使用产品或服务后，对企业提供的评价和建议。用户反馈可以是对产品或服务的直接评价，也可以是对企业的意见和建议。用户反馈对于企业来说具有重要的价值，它可以帮助企业了解用户的需求，发现问题，改进产品和服务，提升用户满意度。用户反馈的作用主要体现在以下几个方面。

（1）了解用户需求：通过用户反馈，企业可以了解用户对产品或服务的需求和期望，从而更好地满足用户需求。

（2）发现问题：用户反馈可以帮助企业发现产品或服务中的问题，及时改进，避免问题的扩大化。

（3）改进产品和服务：用户反馈为企业提供改进产品和服务的机会，企业可通过不断优化产品和服务，提升用户体验。

（4）提升用户满意度：用户反馈可以帮助企业了解用户满意度，从而采取有效措施提升用户满意度，提高用户忠诚度。

（5）创新和优化：用户反馈可以为企业提供新的思路和创意，帮助企业进行产品创新和服务优化。

（二）用户反馈渠道

用户反馈渠道是企业获取用户意见和洞察的重要途径，它可以帮助企业了解用户的需求、期望，以及其使用产品或服务时的体验。为了最大限度地收集用户的反馈，企业需要建立多样化的反馈渠道，确保用户可以通过各种方式轻松地反馈他们的意见和建议。

用户反馈渠道的多样性对于企业来说至关重要。不同的用户可能偏好不同的反馈方式，因此，提供多种反馈渠道可以增加用户反馈的收集量，提高反馈的质量和代表性。此外，多样化的反馈渠道可以帮助企业更快地响应用户的需求和问题，从而提高用户满意度和忠诚度。

1. 用户反馈渠道的类型

（1）社交平台：社交媒体是现代用户表达意见的主要渠道之一。企业可以通过微信、微博、知乎、贴吧、论坛等社交平台，收集用户对产品或服务的讨论和反馈。这些平台上的用户反馈通常是公开的，可以帮助企业了解用户的真实想法，并及时做出响应。

（2）应用商店：其是用户下载和评价应用程序的平台。企业可以通过 App Store、360 手机助手、豌豆荚及各大品牌手机应用商店等渠道，收集用户对应用程序的评分和评论。这些反馈对于了解用户对应用程序的满意度和改进应用程序非常有价值。

（3）内部渠道：企业内部的客服咨询、反馈投诉和站内信等渠道，是用户直接向企业反映问题的方式。这些内部渠道通常更加直接和私密，有助于企业快速响应用户的问题，并提供个性化的解决方案。

（4）第三方数据监控平台：App Annie、酷传、七麦数据、艾瑞资讯、易观智库等第三方数据监控平台，提供关于用户行为和市场趋势的宝贵数据。企业可以通过这些平台了解用户对产品或服务的整体反馈和市场表现。

2. 用户反馈渠道的管理和优化

为了确保用户反馈渠道的有效性，企业需要对这些渠道进行管理和优化，具体如下。

（1）确保反馈渠道的可用性：企业应确保所有反馈渠道都是易于访问和使用的，用户可以随时通过这些渠道提供反馈。

（2）监控反馈渠道：企业应定期监控各个反馈渠道，确保反馈信息能够被及时收集和处理。

（3）提供反馈指引：为了提高用户反馈的质量，企业可以在反馈渠道中提供指引，帮助用户提供更具体和有针对性的反馈。

（4）保护用户隐私：在收集用户反馈时，企业应确保对用户隐私的保护，遵守相关法律法规。

（5）定期分析反馈：企业应定期对用户反馈进行分析，提取有价值的信息，并据此采取行动。

（6）反馈闭环：企业应建立反馈闭环机制，对用户的反馈进行回应，告知用户他们的意见被采纳和实施的情况。

通过有效地管理和优化用户反馈渠道，企业可以更好地理解用户的需求，提升产品或服务的质量，提高用户满意度和忠诚度，最终推动企业的持续发展和市场竞争力的提高。

（三）用户反馈的六种模式

用户反馈的六种模式包括投票、赞成/反对评级法、评定等级、多项评定、评论和征求反馈。这些模式可以帮助企业从不同角度和层面了解用户的观点和需求，从而更好地满足用户期望，提升用户满意度和忠诚度。

1. 投票模式

投票模式通过让用户对产品或服务进行投票，了解用户的喜好和需求。这种模式常见于社交媒体平台，如微信、微博等。企业可以通过设计在线投票问卷，收集用户对产品或服务的评价和建议。投票结果可以帮助企业了解用户对产品或服务的满意度，从而优化产品和服务，提升用户体验。

2. 赞成/反对评级法

赞成/反对评级法让用户对产品或服务表达喜欢或不喜欢，通过简单的赞成或反对评级，快速了解用户对产品或服务的满意度。这种模式适用于各种场景，如购物、阅读、观影等。企业可以通过分析赞成和反对的评级数据，找出用户对产品或服务的喜好和痛点，从而改进产品和服务。

3. 评定等级模式

评定等级模式让用户对产品或服务进行星级或等级评价，如 1~5 级评价。这种模式适用于需要详细评价的场景，如酒店、餐厅、电商平台等。通过分析用户评价的等级，企业可以了解用户对产品或服务的满意度，以及产品或服务在各个方面的表现，从而有针对性地进行改进。

4. 多项评定模式

多项评定模式让用户对产品或服务的多个方面进行评价，如性能、舒适性、价格等。这种模式适用于复杂的产品或服务，如汽车、电子产品等。通过多项评定，企业可以全面了解用户对产品或服务的需求和期望，从而优化产品和服务。

5. 评论模式

评论模式让用户对产品或服务发表自己的观点和看法。这种模式常见于社交媒体、电商平台等。用户评论可以帮助企业了解用户对产品或服务的真实想法，以及存在的问题和不足。通过分析用户评论，企业可以及时回应用户的需求，改进产品和服务。

6. 征求反馈模式

征求反馈模式是企业主动向用户请求反馈，了解用户对产品或服务的意见和建议。这种模式适用于各种场景，如网站、应用程序、商品等。通过征求反馈，企业可以主动了解用户的需求，从而改进产品和服务。

(四) 分析用户反馈

1. 整理数据

(1) 收集用户反馈：企业需要收集来自各个渠道的用户反馈，如社交媒体、应用商店、内部渠道、第三方数据监控平台等的反馈。这些反馈可能包括评论、评分、建议、投诉等。

（2）分类和整理：对收集到的用户反馈按照反馈类型、产品或服务、时间等维度进行分类和整理。例如，将反馈分为正面、负面、中性，或将反馈按产品功能、性能、界面等分类。

（3）提取关键元数据：对于每个用户反馈，提取关键元数据，如用户ID、反馈时间、反馈来源、用户等级、消费金额等。这些元数据有助于分析用户反馈的背景和真实性。

（4）建立电子表格：将整理好的用户反馈和关键元数据录入电子表格，以便后续分析和处理。建立电子表格时可以采用Excel、Google表格等工具。

2. 分析数据

（1）描述性统计分析：对用户反馈进行描述性统计分析，如计算正面、负面、中性反馈的数量和占比，分析用户对产品或服务的整体满意度。

（2）主题建模：利用自然语言处理技术，对用户反馈文本进行主题建模，挖掘用户反馈中的热点问题和需求。这有助于了解用户对产品或服务的具体意见和建议。

（3）情感分析：对用户反馈进行情感分析，判断用户对产品或服务的情感倾向，如正面、负面、中性。这有助于了解用户对产品或服务的满意度和忠诚度。

（4）关联分析：分析用户反馈中的关键词、标签、主题等，找出它们之间的关联关系。这有助于了解用户反馈中的共性和个性问题，为企业提供有针对性的改进方向。

（5）趋势分析：对用户反馈进行时间序列分析，了解用户需求的变化趋势。这有助于企业把握市场动态，提前应对潜在问题。

（6）用户细分：根据用户反馈和元数据，对用户进行细分，如忠诚用户、潜在用户、流失用户等。这有助于企业针对不同用户群体制订有针对性的营销和服务策略。

3. 用户反馈的作用

（1）产品和服务改进：根据用户反馈，优化产品和服务，提升用户体验。例如，针对用户反馈中的问题，改进产品功能、优化服务流程等。

（2）市场营销策略调整：根据用户反馈，调整市场营销策略，提高市场竞争力。例如，针对用户反馈中的需求，推出有针对性的促销活动、广告投放等。

（3）客户服务优化：根据用户反馈，提升客户服务水平，增强用户满意度。例如，针对用户反馈中的问题，加强客服培训、优化客服流程等。

（4）企业决策支持：将用户反馈纳入企业决策过程，提高决策的科学性和有效性。例如，在产品研发、市场拓展、资源配置等方面，充分考虑用户反馈的意见和建议。

综上所述，在产品开发和迭代的过程中，数据分析无疑扮演至关重要的角色。它提供关于用户行为、产品性能和市场需求的大量信息，帮助我们做出更加科学和合理的决策。然而，在这个过程中，我们决不能忽视用户的声音，即直接从用户那里获得的反馈。用户反馈是一种非常直接且个性化的信息来源。它可以帮助我们理解用户的需求、期望，以及他们在使用产品时所遇到的问题。这些反馈可能是通过问卷调查、用户访谈、在线评论或社交媒体等渠道获得的。它们为我们提供关于产品如何影响用户日常生活的第一手资料，这是任何数据都无法完全替代的。

同时，用户数据也是了解用户的重要途径。通过分析用户行为数据，我们可以了解用户的偏好、使用习惯和产品的热门功能。这些数据可以帮助我们识别产品的潜在问题和改进机会，从而提升用户体验。然而，我们必须警惕一种思路，即过度依赖数据而忽视用户实际的态度与想法。数据是客观的，它能提供大量可量化的信息，但有时它可能无法完全捕捉到用户的主观感受和情绪。因此，在处理关键的研究问题时，我们应该采取一种全面的策略，既要测试那些容易量化和分析的数据，也要关注那些不容易量化，但同样重要的用户反馈。

第六章

用户研究的可视化表达

在用户研究的过程中，将定性与定量研究的成果进行有效呈现与传达至关重要。为实现这一目标，图形化手段成为关键工具，它有助于将信息以更清晰、直观的方式展现。具体而言，图形化手段主要分为数据可视化和信息可视化两类。数据可视化指的是将数据用统计图表的方式呈现，而信息可视化是指将非数字的信息进行可视化。前者用于传递信息，后者用于表现抽象或复杂的概念、技术和信息，但二者都需要兼顾美学形式和功能信息，以达到能够直观地传达某关键信息的目的。在数据可视化的过程中，常常会用到 Tableau、Power BI、Google Data Studio、Plotly、Mat plot lib 等工具。在选择合适的可视化工具时，需充分考虑用户需求、数据类型及技术偏好等因素。通过科学运用这些工具，我们能够更好地实现用户研究成果的有效传达，为决策的制订提供有力支持。

第一节 数据与信息

一、数据可视化

数据的可视化主要是将数据以图形或图表等形式展现，以下是常见的数据可视化方法。

(1)柱状图(图 6-1)和折线图：用于展示数据的对比和趋势，如不同类别之间的对比和时间序列数据等。柱状图更适合用来呈现数量或频率之间的分类变化，而折线图更适用于表示数据的趋势性变化。

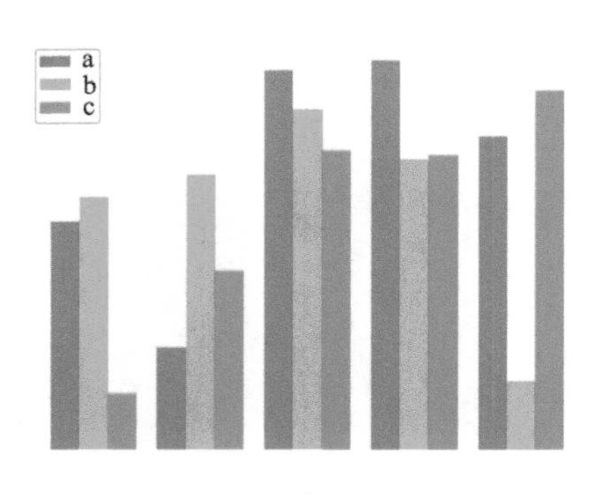

图 6–1　柱状图

（2）饼图（图 6–2）和环形图：适用于展现部分与整体间的关系，用于呈现不同部分占总体的比例。需要注意的是，饼图和环形图不太适用于准确表示各部分相对大小的情况。

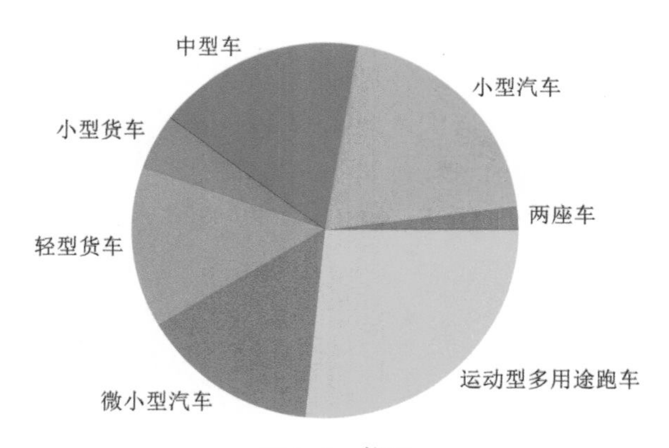

图 6–2　饼图

（3）散点图（图 6–3）和气泡图（图 6–4）：一般用于展现变量之间的关系或趋势，如两个变量之间的类聚情况和相关性等内容。气泡图能够在散点图的基础上，加入第三个变量的信息，并通过气泡的颜色和大小来表示第三个变量。

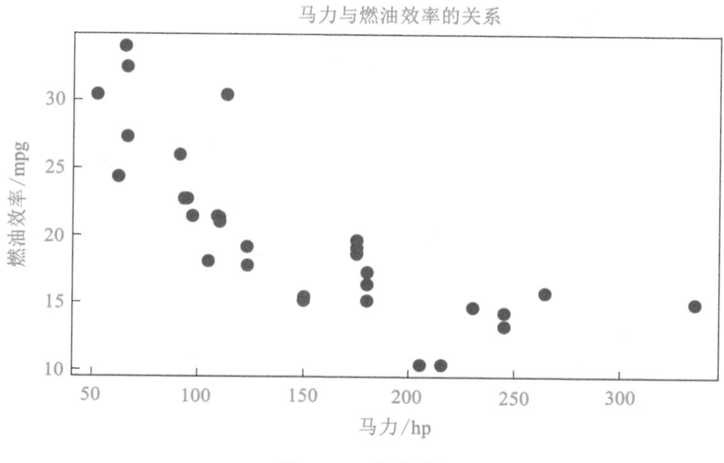

图 6-3 散点图

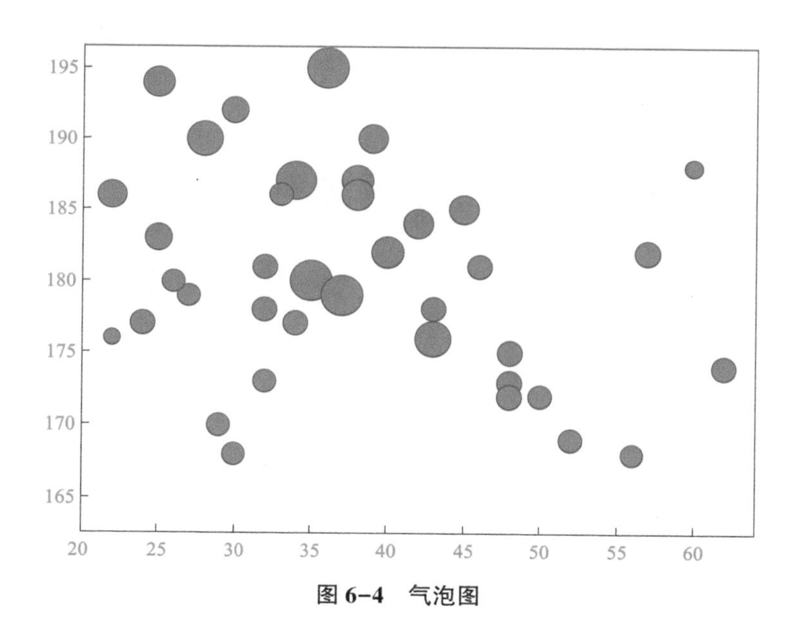

图 6-4 气泡图

(4)热力图(图 6-5)和地图：这两种图主要用于展现空间或位置相关的数据。通过热力图可以对数据的密集或集中程度进行展示，而地图可以呈现与地理位置相关的数据。

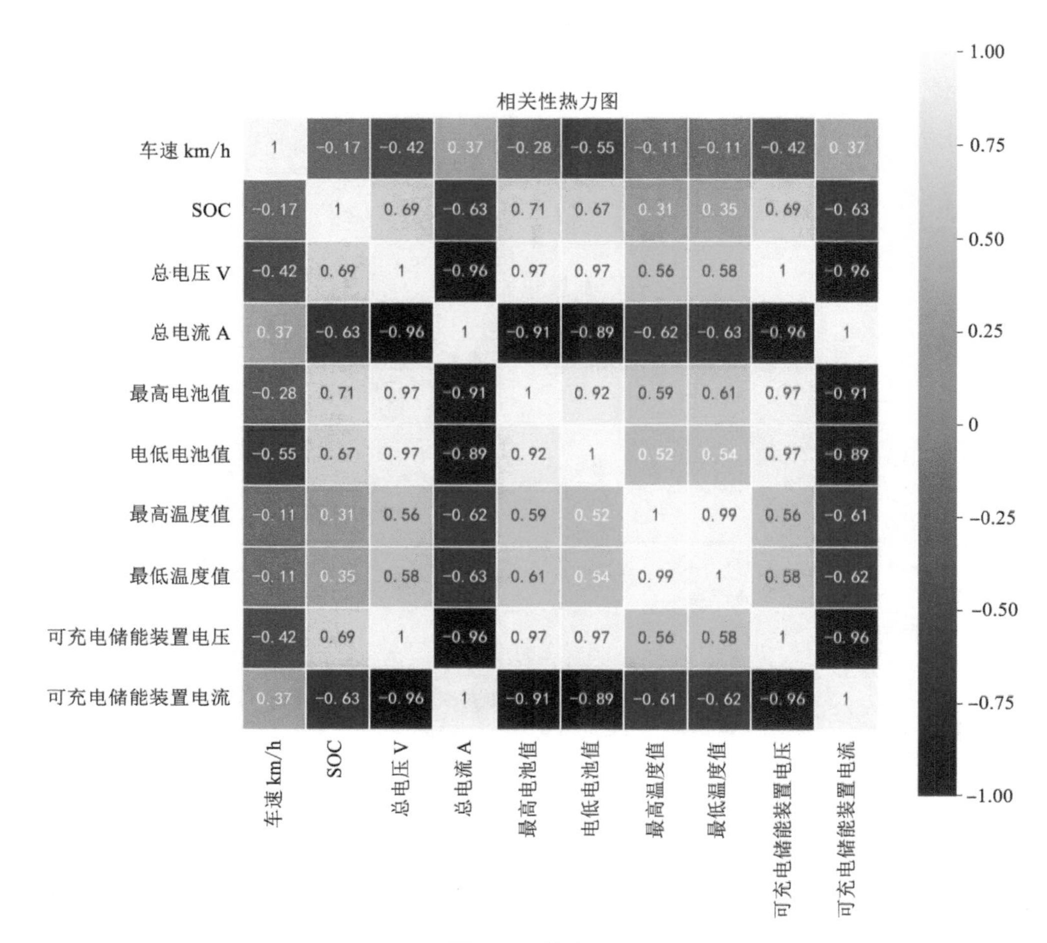

图 6-5 热力图

(5)小提琴图(图 6-6)和箱线图：用于对数据的分布情况和统计指标进行展示，可以清晰地显示数据中的四位数极值异常值和中位数等内容。

(6)雷达图(图 6-7)和极坐标图(图 6-8)：这两种图比较适用于有多个变量的数据。雷达图以多边形的边长和边数来表示多个变量及其所占比例，极坐标图则以角度和距离来表示多个数据点。

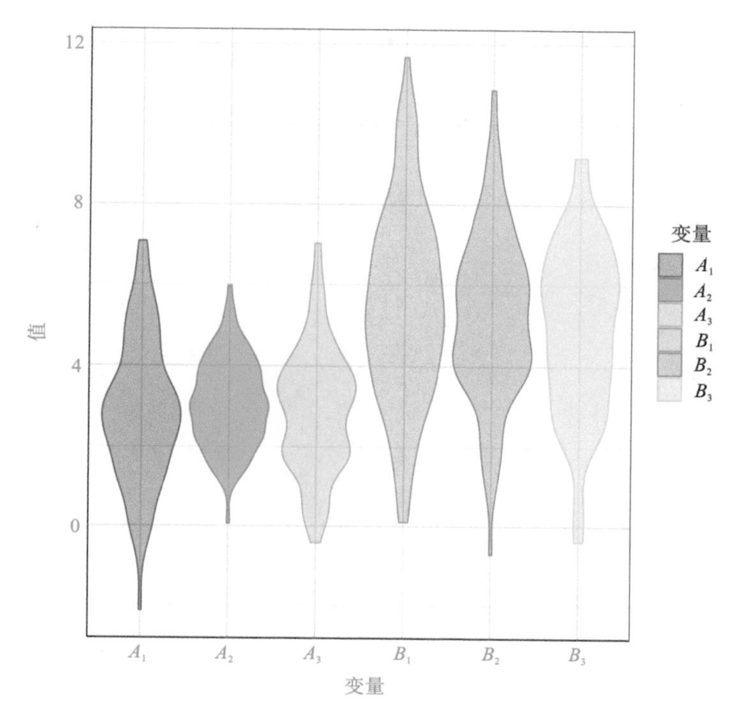

图 6-6　小提琴图

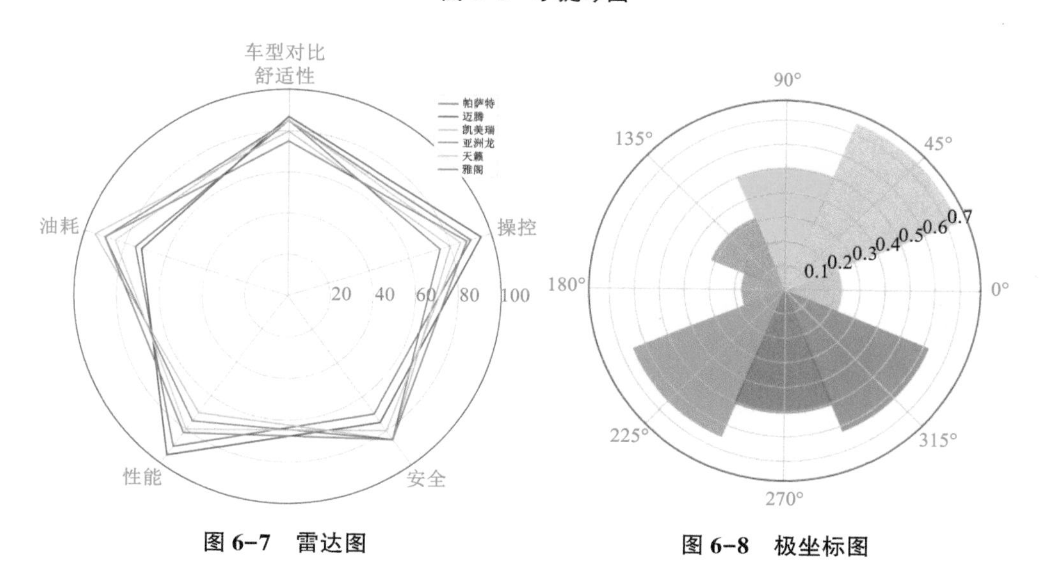

图 6-7　雷达图

图 6-8　极坐标图

(7)网络图和树状图(图 6-9)：主要用于展现复杂的关系和连接。网络图展现的是节点与节点之间的连接关系，而树状图展示的是层次结构或分支之间的关系。

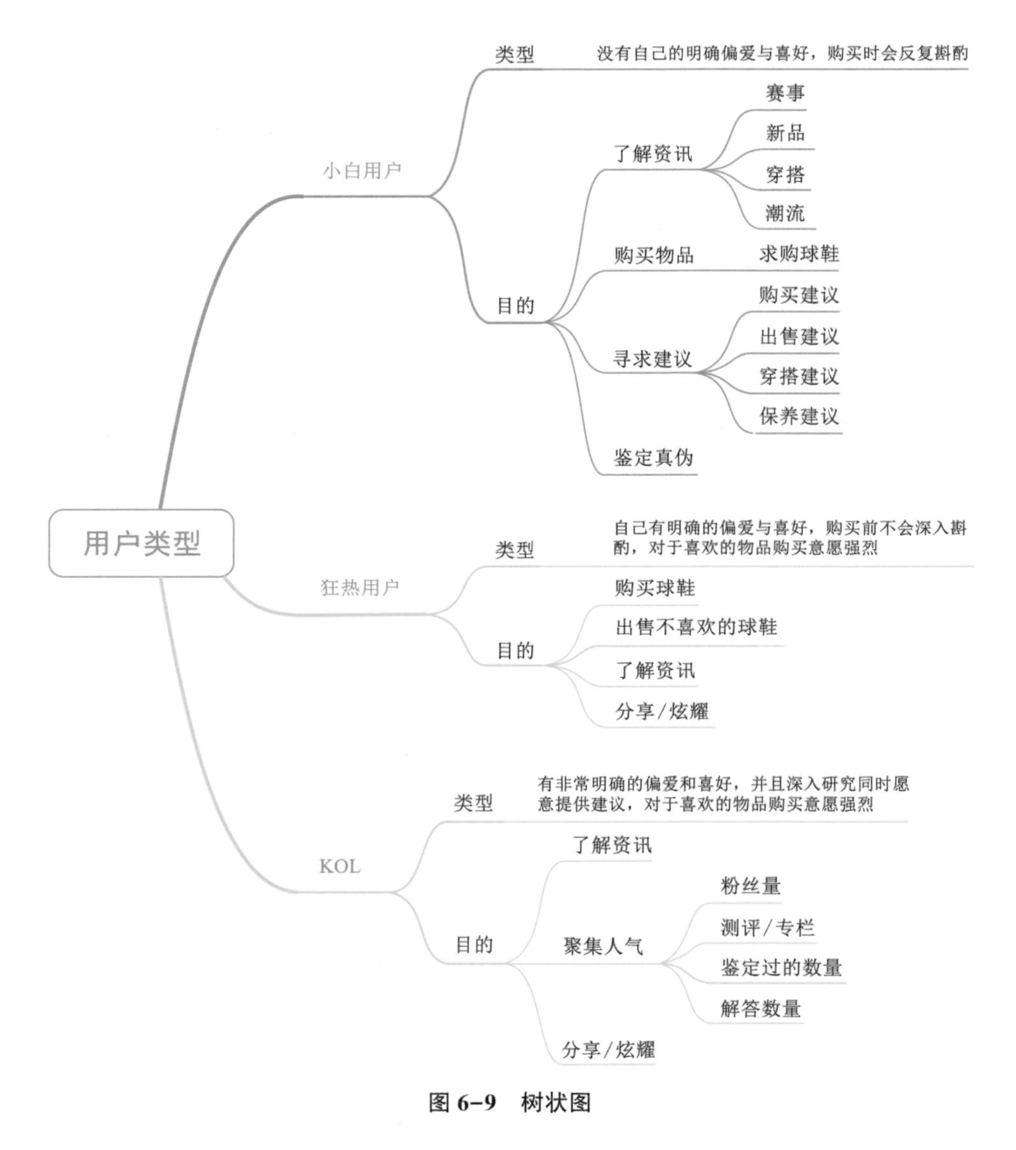

图 6-9　树状图

(8)词云图(图 6-10)和热图：词云图常用来表示文本数据中词语的出现频率，词语出现频率越高就代表其重要性越高，而热图主要是用颜色来区分数值的大小。

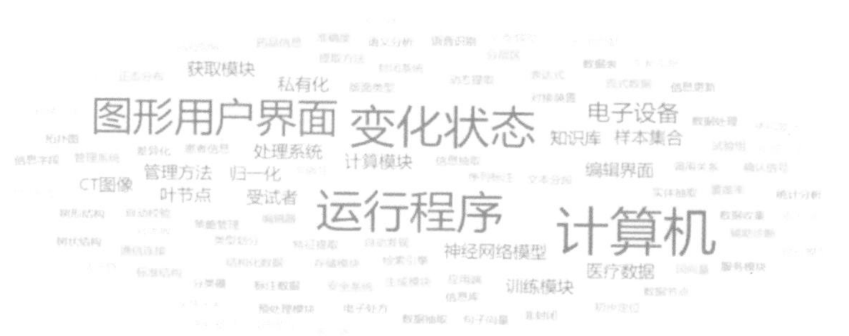

图 6-10　词云图

（9）山脉图（图 6-11）：其与折线图类似，但是其在对数据进行展现的同时，还突出数据变化的幅度。山脉图中呈现的波峰和波谷能够帮助观察者以更加直观的方式理解数据的变化幅度和趋势。山脉图通常用于呈现时间序列数据的变化情况。

（10）贝壳图（图 6-12）：是一种与饼图类似的变体，通常用于展示不同类别百分比或占比的情况。与饼图不同的是，贝壳图多了一个环形，这种图表的形式能够使观察者以更加清晰的思路理解各个类别之间的占比和相对关系。

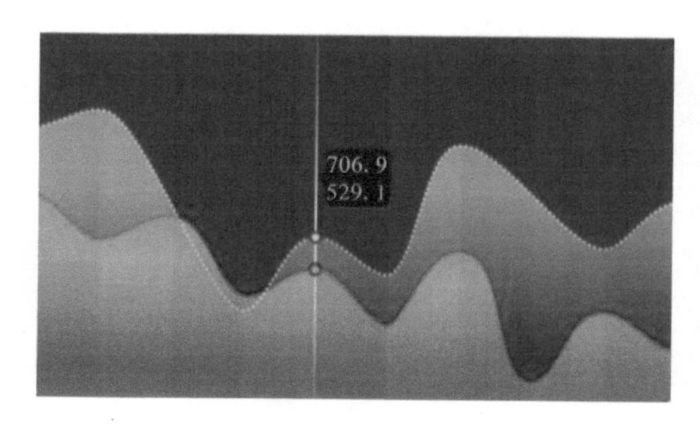

图 6-11　山脉图

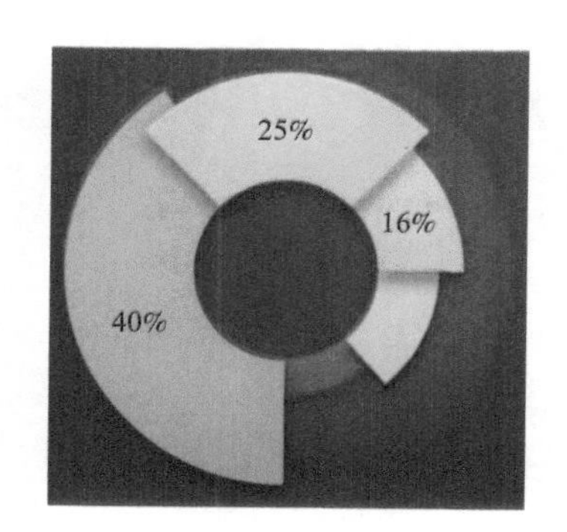

图 6-12　贝壳图

在数据可视化过程中，研究者需要依据所呈现的数据类型、受众的理解能力及制作图表的目的，对呈现方式进行选择，以保证能够清晰、准确、高效地传达研究成果。

农村厕所治理服务平台设计

1. 设计项目简介

农村厕所治理服务平台由管护端、政府端、村民端和员工端共同组成（图6-13），以互联网和智能传感为基础，帮助村户解决化粪池报抽及厕具报修不方便、化粪池满溢收运不及时的问题，帮助政府解决厕改建设和管护管理信息化问题，实现一体化管理，对于建立管护长效机制具有重要意义。

整个平台界面的设计采用蓝色调，给用户一种专业且高效的感觉，整体界面分区清晰简洁，将不同的功能模块单独设列，以便于用户查找相关信息。

图6-13　农村厕所治理服务平台展示图

2. 管护端功能布局

管护端（图6-14）可实现一张图查看厕所的管护情况数据，网络发布改厕、清运、维修工作，后台进行调度安排。通过在车辆安装车载视频监控、防乱倒液位传感器，实现对抽运车辆的智能监管。管护端实现对抽粪车拉运的全过程管理，防止抽粪车将污粪随意倾倒或直接排放，保证所有污粪被送到处理厂进行无害化或资源化处理。

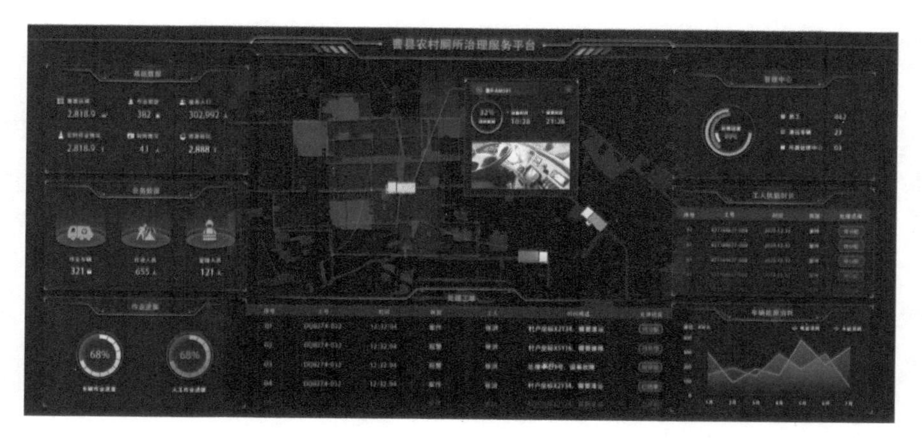

图 6-14　管护端界面设计图

3. 政府端功能布局

政府端（图 6-15）通过厕改档案实现录入储存与信息记录、通知公告发布、各级管护数据查看，从而实现工作精细化管理，提高厕所管护工作效率。其实现了居民与政府的良好互动，可实时反馈与对话，及时了解居民对于管护服务的建议与需求，为农厕后续长效管护服务的不断完善、群众满意度的提高提供坚实的保障。

图 6-15　政府端界面设计图

4. 村民端功能布局

村民端(图6-16)可通过手机小程序实现一键报抽、厕具报修、信息录入等功能。这样可全方位确保农村厕所改造后厕具坏了有人修、管道堵了有人通、粪污满了有人抽，抽走之后有效用。

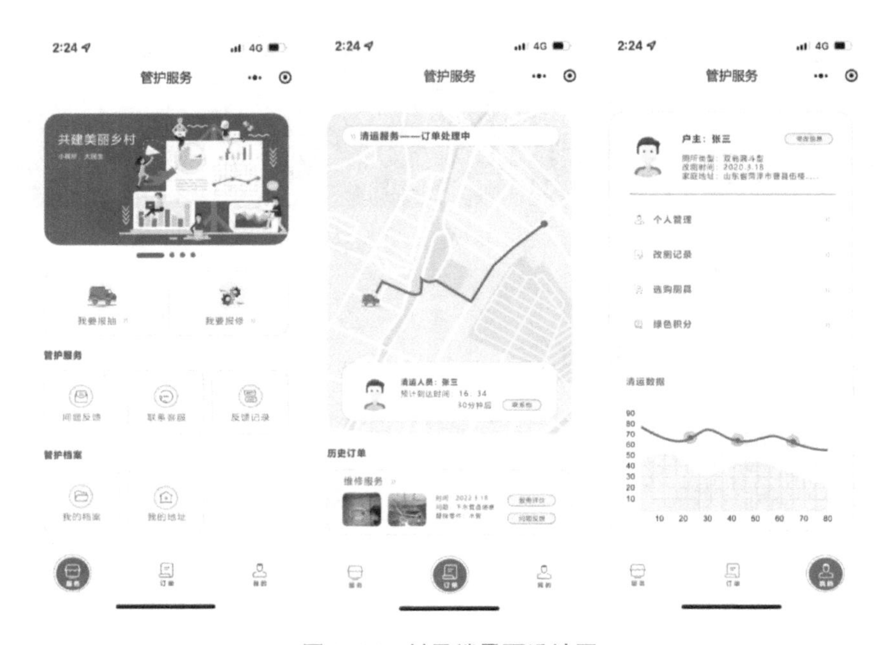

图6-16　村民端界面设计图

5. 员工端功能布局

员工端(图6-17)采用外卖平台模式，解决管护任务时效性问题。其可查看农村厕所贮粪池储量情况，自动处理居民粪满报抽任务，通过对报抽位置和时间进行记录，对收运任务进行科学排班，提高收运效率，缩短上门服务时间，提高居民满意度。

项目以全面考虑建立农村厕所长效管护机制为基础，结合山东曹县实际改厕进度和实际条件，制订了各项建设内容及实施方案，搭建多维度、多视角的管护平台，注重拓展性和可升级性。该农村厕所治理服务平台是涵盖户用化粪池监测、抽粪车防乱倒监测、抽粪车收运轨迹监测、粪污发酵池中转站液位监测、村民快速报抽系统、厕具报修系统、自动化报抽系统、全面厕所管护、厕管数据可视化等功能的全方位平台。

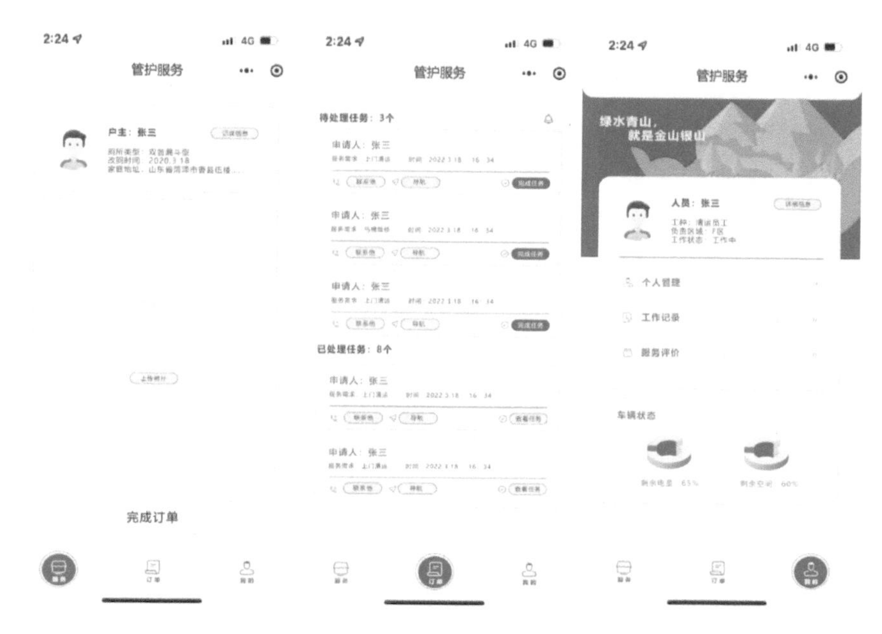

图 6-17　员工端界面设计图

二、组织结构可视化

组织结构图是用于展示组织内部层级关系和职责分配的一种图形化工具，它可以促进团队之间的沟通与合作。组织结构图通常以组织为节点，用线条表示不同节点之间的联系，这种联系通常呈现为上下层级结构。

1. 构成要素

（1）节点：它一般代表着组织中的各部门职位或人员，通常放置在图表的上方和下方。

（2）联系线：代表着节点之间的相互关系，通常会采用不同的线型或颜色来表示合作或直接管理等关系。

（3）层次结构：用于表示组织内部的不同职责分工和层级，通常从上到下排列，每一个层次代表一个级别。

2. 绘制方法

（1）明确目标：确定制作图表的目的和图表所涉及的范围，并选择适用于展示它的图表样式和类型。

(2)收集信息：将组织相关的信息，如职责、名称、人数等收集起来，并整理成表格或清单。

(3)绘制图形：将收集到的信息按照层次和联系放置在对应的节点上，并用联系线进行连接。

(4)调整样式：根据需求，对节点的颜色、形状、大小等属性进行调整，使其符合规范并美观。

(5)检查结果：在图表完成后，对图表的准确性进行检查，查看其是否反映了关键目标和信息是否有错误和遗漏。

City Walk 服务设计

图 6-18 是我们在 City Walk 服务设计中搭建的组织结构图，在此结构图中，我们首先将政府、社交媒体、City Walk 平台、入驻商家、参与用户、创作团队、后台审核、供货商、活动策划方和技术供应商作为关键节点。

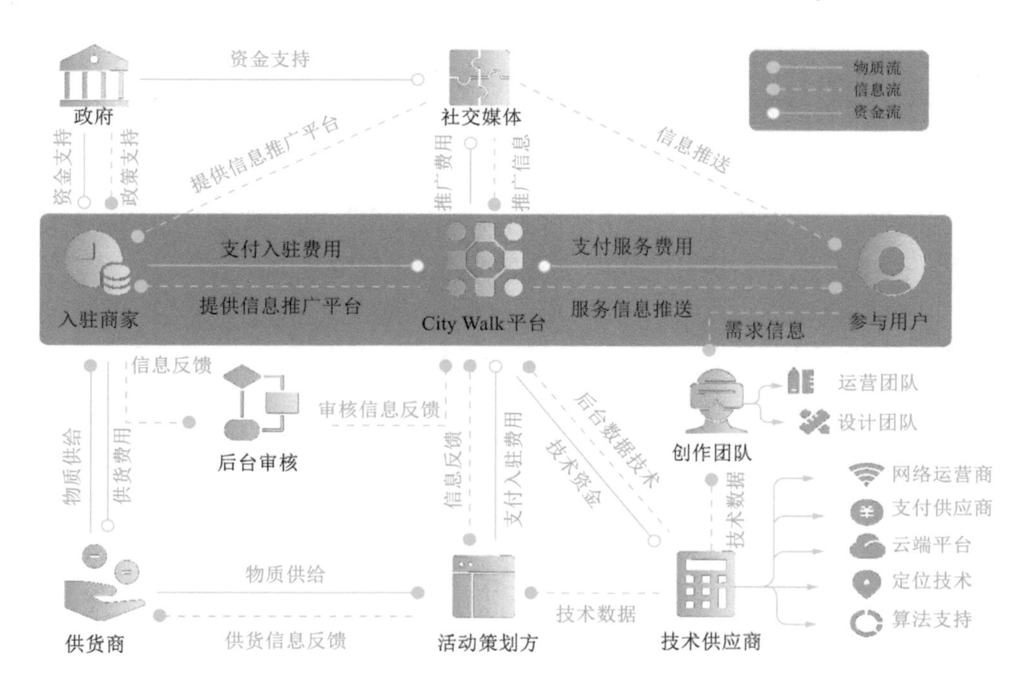

图 6-18　City Walk 服务设计组织结构图

然后，将以上关键节点划分为三个不同的层级结构。

最后，对其进行联系线的绘制，通过关系线表示不同节点之间的相互连接关系。

通过上述步骤，我们就可以得出 City Walk 服务设计组织结构图。

三、利益相关者可视化

利益相关者地图是一种用于识别和分析与特定计划项目有利益关系的各利益相关方的一种工具。构成利益相关者地图的要素主要包括利益相关者识别、利益相关者分析、利益相关者关系映射、利益相关者优先级划分及动态更新。

（1）利益相关者识别：这是创建利益相关者地图的首要步骤，需要对所有可能受到项目或产品影响的相关方进行识别和分类。这可能包括内部利益相关者（如项目团队成员、管理层等）和外部利益相关者（如投资者、供货商、参与用户、政府等）。

（2）利益相关者分析：对于识别出的每一个利益相关者，需要进行详细的分析，包括他们的需求、期望、对项目的态度和影响力等。这有助于了解他们对项目或产品的重要性，以及他们可能对项目产生的影响。

（3）利益相关者关系映射：在确定所有的利益相关者并分析他们的特性和影响后，需要对这些利益相关者之间的关系进行可视化处理。这包括他们之间的合作、竞争、依赖等关系，这有助于理解整个利益相关者网络的动态性和复杂性。

（4）利益相关者优先级划分：基于利益相关者的分析和他们之间的关系，可以对他们进行优先级划分。这有助于确定哪些利益相关者对项目或产品的影响较大，从而在项目执行过程中进行有针对性的管理和沟通。

（5）动态更新：利益相关者地图并非一成不变，随着项目的进展和外部环境的变化，利益相关者可能会发生变化。因此，利益相关者地图需要定期更新，以反映最新的利益相关者情况和关系。

这些要素共同构成利益相关者地图的基础，为管理者或项目团队协调管理利益相关者提供依据。

利益相关者地图通过将利益相关者之间的关系以视觉化的形式进行呈现，提供一个清晰、全面的视角，帮助项目团队更加全面地了解各利益相关者之间的相互影响与关系。此方法有助于设计团队更好地与各利益相关者进行策略沟通、利益协调和风险管理。这种工具能切实增强设计团队与各利益相关者之间互动的针对性和沟通效果。

City Walk 服务系统设计

在 City Walk 服务系统中，项目成员首先通过搜集各利益相关者的资料，确定与项目有关的各利益相关者，并对他们的相关性进行分级排序。然后将利益相关者中影响力最强的利益相关者放置在画面的中心，此案例的影响力最强的利益相关者为用户和服务提供。在影响力最强的利益相关者下一层级又会加入次级利益相关者，这些利益相关者之间也会产生一些交互影响，我们通过其与核心利益相关者之间的位置关系和其图形大小，对它们进行区分。最终将各利益相关者按照不同的层级进行排布和划分，形成如图 6-19 所示的 City Walk 利益相关者地图。

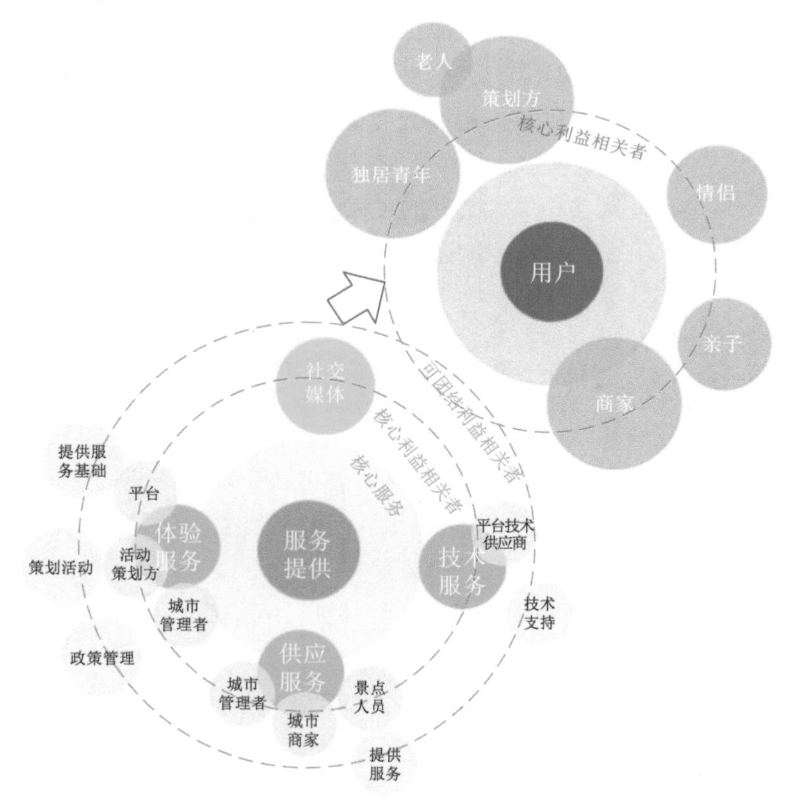

图 6-19 City Walk 利益相关者地图

农村厕所治理服务平台运行分析

利益相关者的识别与分类是协调参与者关系的基础。农村厕所治理服务是由多种角色共同参与而形成的，由此需要进行利益相关者的探索，同时农村厕所治理服务平台中的各利益相关者与核心服务的相关度有强弱之分，可作为服务链条中的各个节点直接或间接地贯穿整个服务平台。因此需要建立利益相关者地图，识别与研究相关度强的核心利益相关者。

通过调研，本研究建立了农村厕所治理服务平台利益相关者地图(图 6-20)，可以直观地了解和分析各核心利益相关者之间的密切关系，其核心利益相关者包括地方政府、第三方服务商、村民、专家。

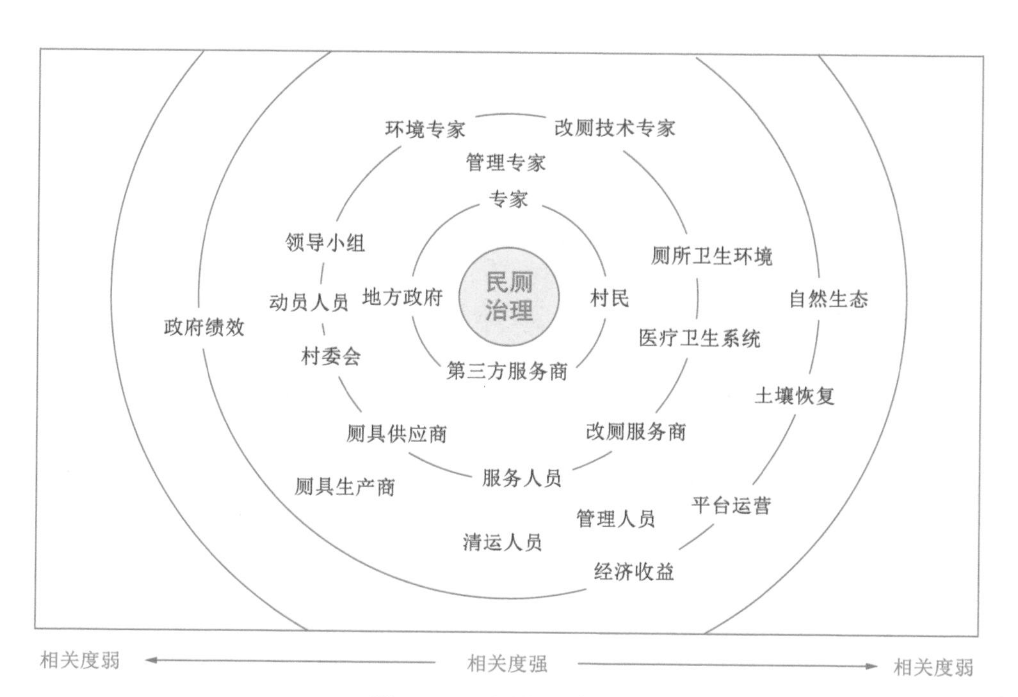

图 6-20　利益相关者地图

各利益相关者的因果循环图(图 6-21)显示了利益相关者的主要因果循环逻辑，各方的反馈连接各个变量而形成闭环结构。梳理因果循环图可知，农村厕所改造主要由相关政策文件提供支持，通过积极反馈，从而得到卫生厕所数量的增加和村民对厕所改造的满意度提升。其中，可以看到不同主体对农村厕所改造这一事件不同程度的影响，这种相互关系是动态的、是可以跟随条件变化而变化的。由当前的利益相关者因果循环图得知，要在今后的治理中加强村民与专业技术人员的参与。

图 6-21　各利益相关者的因果循环图

第二节　用户信息挖掘

一、用户画像

（一）什么是用户画像

用户画像是专门针对某产品或服务所建立的虚构人物，其意义是代表典型用户群体的特征、行为和需求。这些用户画像是通过深度的定性研究和定量研究建立起来的，目的是帮助设计团队更清晰地认识设计服务的对象。

用户画像是虚构的人物而并非真实存在的用户，其实际上是基于前期调研的真实用户访谈数据和研究结果而建立起来的代表性用户角色。用户画像的特征集合了大多数典型用户的行为、态度、模式、背景和技能等多个方面，可以为接下来的产品设计和改进提供指导。

用户画像的绘制也可以使团队成员以一种更加直观的方式了解用户的多样化需求，进而帮助其在后续的产品设计及产品功能研发中能够对不同用户的偏好和需求作出针对性的考虑。这样不仅可以使产品的设计能够满足尽可能多的用户群体的需求，还可以起到提升用户体验和产品开发成功率的作用。

在以用户为中心的设计过程中，可以创造出代表主要用户的角色即用户画像。用户画像是刻画用户需求的模型。用户画像是一种公共语言，串联互联网商业的管理高层、产品、开发、市场、运营等，可提高沟通效率。用户画像是广泛用户的缩影，用于帮助相关人员进行信息架构、产品设计、交互设计甚至视觉设计的决策。理想情况下，用户画像是在对若干真实用户进行访谈后提取主要共性，描绘出行为模式、目标、技能（行业认知、硬件操作水平等）、情绪态度、外部环境，再加上虚构的个人细节，最终使用户角色栩栩如生。对于产品或产品中某个业务、功能来说，都有一小部分用户不是主要的目标用户，他们也可以被描绘为一个次要角色的用户画像。因为次要角色所代表的小范围需求也应当被满足。它的存在可以帮助设计团队从另一个视角审视：当设计方案满足主要角色的需求时，是否存在其他可能的问题？如果存在，那么这个次要角色画像便可帮助我们完善解决方案。

用户画像展示了用户群体与产品互动时共性的部分，使整个设计过程是围绕用户群体构建的，而非某个人的需求。它还提供用户需要的内容及使用场景，以帮助设计团队考虑方案重点和注意事项。此外，在团队内部讨论时，用户画像可提供具体的形象和用户存在感，在谈到“用户”时想到的不是缥缈的用户概念，而是一个有诉求的对象，有助于团队成员建立同理心和产生共情体验。有时由于收集的访谈数据太宽泛、太典型、太像“普通人”，我们需要有意增加刻板的特性，并注意这些特性对设计过程的影响。

（二）用户画像的构建

将事件进行建模，包括用户、时间、地点、事件及行动五个主要内容，简写为 4W1A 模式，具体如下。

用户（who）——目标用户，其关键在于对用户的表示，以方便区分用户，定位用户信息。

时间（when）——发生时间，用户发生行为的时间跨度和时间点，例如浏览页面 15 秒，其中点击按钮是在第 3 秒，返回是在第 12 秒，也就是时间跨度第 15 秒，发生行为的时间点分别是第 3 秒和第 12 秒。

地点（where）——用户行为触点，也就是用户接触产品的触点，例如用户在网址上访问了哪些分页，在 App 上点了哪些按钮，刷新了几次，或者其他交互行为。

事件（what）——触发的信息点，也就是用户访问的内容信息，如主要浏览的类别、品牌、描述、属性等，这些内容也生成了对应标签。

行动（action）——用户具体行为，例如电商的用户添加购物车、搜索、评论、购买、点击、点赞、收藏等。

用户画像的数据模型可以概括为用户+时间+行动+接触点，某用户因为在什么时间、地点、做了什么事，然后打上标签。不同产品需求会有不同的标签组合，不同的标签组合就形成用户画像的模型。

（三）用户画像的原则

（1）有效性：用户画像应具有有效性，能够帮助设计团队更好地了解目标用户，为产品设计、营销和运营提供有价值的指导。用户画像中的信息应具有针对性，与产品或服务的目标受众紧密相关。

（2）真实性：用户画像应基于真实、可靠的数据来源，确保所描述的用户特征和行为具有客观性和准确性。在创建用户画像时，应使用多源数据收集方法，如问卷调查、访谈、观察等，以获得全面、真实的用户信息。

（3）独立性：用户画像应保持独立性，避免将多个用户特征和行为混淆。每个用户画像应只描述一个特定的用户群体，以便在后续的分析和应用中能够更加清晰地区分不同用户类型。

（4）全面性：用户画像应涵盖用户的各种特征和行为，包括基本信息（如年龄、性别、地域等）、心理特征（如兴趣爱好、价值观等）、行为特征（如购买习惯、使用场景等）等。全面性的用户画像可以帮助产品团队更好地了解用户需求，为产品设计提供更多灵感。

（5）统一性：用户画像应保持一致，确保在不同场景和应用中描述的用户特征和行为相互吻合。在创建用户画像时，应采用统一的数据收集和分析方法，以确保用户画像的一致性和可靠性。

（四）用户画像的应用

（1）个性化推荐：对于电商和内容类平台，需将访问的用户细分为具有很多属性标签的模型，根据用户的实时标签变化不断地刷新用户模型，并且不断刷新推荐的内容。

（2）广告精准营销：如今的移动广告投放已经完全应用用户画像作为投放依据，无论是电商、游戏还是其他品牌曝光，利用用户画像数据指导广告投放，不仅能够降低成本，还可以大大提高点击率及转化率，提升整体广告投放效果。

（3）辅助产品立项与优化：例如，某些游戏大厂在游戏立项前会根据产品定位寻找对应用户人群，然后利用广告将游戏备选的美术设计图推送给用户，收集用户对于不同美术设计的点击率，然后选择玩家点击率比较高的图片作为游戏美术的模板，这样可以在立项前就避免上线后因为玩家对设计不认可而错失市场的情况。产品测试将功能先提供给匹配的画像用户（种子用户），通过种子用户的反馈得到比较合理的优化意见，给产品提供较为正确的迭代方向，比如美图软件 App 将功能提供给喜爱拍照的女性用户。

（4）个性化服务：某些行业将服务精准化，找到用户并推荐定制化服务。例如，某服装设计公司将 25 岁以上职场男性作为目标用户，为他们定制季度服装搭配服务，每个季度根据用户的预算和喜好需求为他们推荐衣服搭配套装，并且提供一对一的设计师沟通，直接根据目标用户的需求提供解决方案，目前经营状况良好。

总的来说，用户画像是一种实用性很强的工具，设计团队可以利用它作出明智的设计决策，而不是参考一组数据或个人意见。

（五）用户画像的价值和功能

（1）增强对用户的考察和理解：设计团队越多地对用户进行了解，就会越多地发现用户潜在的需求，进而就能设计出更多的满足用户需求的产品。

（2）体验以用户为中心的思想：通过绘制用户画像可以更好地展现用户的目标及需求。

（3）预测用户行为：用户画像可以更好地对用户需求进行预测，判断用户可能的行为与反应。

（4）明确设计需求：用户画像可以帮助设计团队更轻松地找到关键设计点。

（5）节省时间：用户画像可以取代传统的用户需求研究方法，它可以帮助设计团队以更加省时省力的方式对用户进行更全面、深入的理解，从而引导产品设计。

(6)解决设计中可能出现的冲突：用户画像可以在设计冲突出现时为团队提供一个客观设计标准，以便团队作出正确的决策。

因此，用户画像是一种功能多样的用户研究工具，它不仅可以有效地指导设计团队开发出更满足用户需求的产品，还可以为初版产品的可用性及用户体验良好度提供保障。

(六)用户画像绘制方法

1. 用户画像构建的分类维度

用户体验研究大多是将用户的人格特点、价值取向、经验等心理特点与年龄、种族、性别等人口统计学特征，作为对用户进行分类的维度。但用户画像一般是针对某一产品或其功能来进行描绘的，因此用户画像大多是在用户需求、行为、想法等层面进行分类呈现。例如：在需求层面，用户需要此产品具备的功能；在行为层面，用户用此产品做什么；想法层面，用户在使用此产品时产生的想法。

2. 数据收集

对于用户画像的构建来说，数据收集是不可或缺的前期基础，因此如何进行数据收集就显得十分关键。数据收集不仅需要考虑数据来源，还需要考虑数据类型。其中，样本容量、收集方式与取样人群等都属于数据来源的内容；而数据类型不仅包括定量数据、定性数据，还包含根据定量数据转化而成的定性数据。

依据不同的角色分类维度，我们可以采用不同类型的数据收集方法(图6-22)。可以采用定性或定量研究的方法来对角色的观点或目标进行数据收集，如常见的访谈法、问卷法、笔记研究法、卡片分类法、焦点小组法、参与式设计法等。这种定性和定量研究的方法也可以应用到行为研究中，如用可用性测试、观察法等方法对用户行为进行定性研究，以及用生理测量或自动化可用性测试等方法对其进行定量研究。

在具体创建用户画像的过程中，我们往往需要将定量数据转化成定性数据。在创建用户画像的过程中，为了使用户画像更加真实，往往需要研究人员对收集到的数据进行处理，用较为生活化的词句对其进行表述。例如，当对使用频率进行描述时，我们会用到常常、偶尔、经常等生活化的语言表述方式，也正是因为要用这种方式进行表述，我们才更需要将所得的定量数据转换成定性数据。转换定量数据的方法并不是单一固定的，可根据实际收集数据的不同

类型及实际研究情况，用多种不同的方式进行转化。在收集数据时，也需要对人们某些时候行为与需求不一致的情况进行考虑。

举例而言，索尼公司在开发 Doom box 的时候，邀请消费者探讨产品颜色，消费者在讨论中都认为此产品与黄色更相配，但是在会议结束时，开发商为消费者提供了两种款式的产品，消费者可免费带走一款，大部分消费者选择带走黑色的产品。由此可见，我们在数据收集时不仅要对用户目标进行考量，还要考虑用户的实际行为，比如通过访谈法或问卷法了解用户的目标，通过记录法、观察法等记录用户在实际操作中的关注点。在面对用户实际行为与需求不一致的情况时，我们可以在考虑需求的基础上更多地关注用户的实际行为。

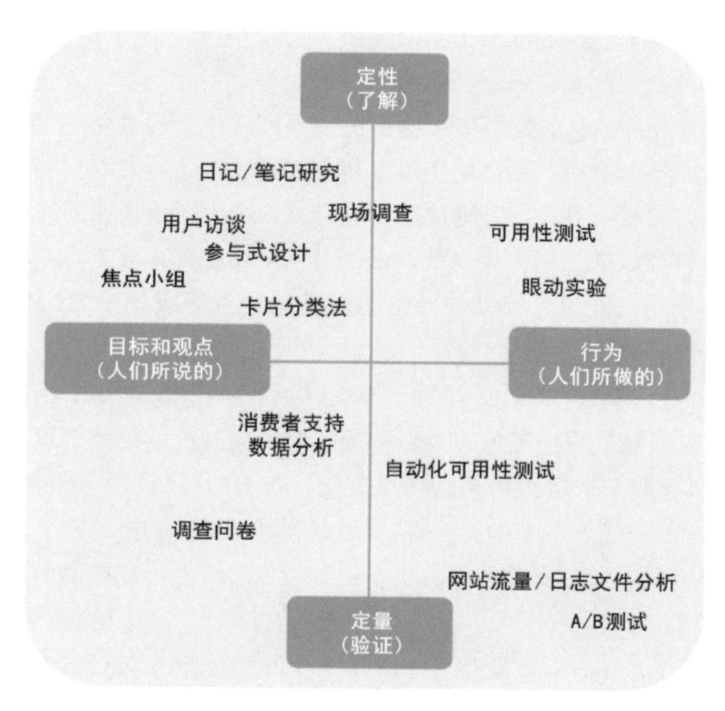

图 6–22　数据收集方法与分类维度的关系

3. 对用户画像类型进行细分

产品研发人员如何对通过定性和定量研究收集到的用户相关信息进行细分？通常我们会用到德尔菲法、聚类分析及一般统计方法三种细分方法。

德尔菲法（即专家意见法）一般会通过匿名的方式联系并征集专家小组的

建议，经过多轮询问得出最终结论。这种方法的好处是可以以较低的成本，在短时间内从专家经验中得到用户分类结果，不太依赖数据，但是其主观性会较强。

一般统计方法是在对数据的集中、离散趋势和相关关系描述中确定用户行为与用户画像之间关系的紧密程度，进而对用户画像中用户的特征进行确定的一种方法。这种方法需要有一定的数据支撑，适合在数据量较小的情况下使用。

聚类分析（即集群分析）是一种采用多变量的分析程序。在对用户画像类型进行分析时，聚类分析通过对不同用户画像之间的行为、目标的相似及差异程度的计算来对用户画像进行分类。这种分析方法属于高阶统计方法，适合在有充足的数据量和复杂的数据关系时使用。

4. 对用户画像的重要性进行区分

通过细分用户群体，我们将获得不止一个具有代表性的用户角色，但是一款产品不可能让所有用户群体的需求都得到满足，因此我们需要对所获得的用户角色按优先级进行排序，以便选择其中可用于绘制用户画像的部分。

用户角色等级的评定主要是从产品或其功能特征的角度对用户角色进行重要性等级划分。这种角色等级的评定通常采用角色等级评定表（表 6-1）的形式进行。

针对某一产品或产品功能，我们一般会得到 3~12 个不同的用户角色类型。之后，我们需要根据用户角色的类型特征与产品类型特征的契合度对用户角色进行分级评估（打分的方式可根据需求变化，如 10 分代表着十分契合、8 分代表较为契合、6 分代表着基本无关、4 分代表不太契合、2 分代表十分不契合）。

通过对不同的用户画像的得分进行统计，我们可以将此产品的不同用户角色分为以下几个大类。

（1）主要用户角色：指具有与此产品某功能特色十分契合的典型用户特征的角色。在产品的设计、研发、评估中我们需要优先考虑此类用户角色，并据此绘制出用户画像。

（2）次要用户角色：主要是指包含主要用户角色部分特征和需求的人物角色，其特征与产品主要功能的相关程度低于主要用户角色。在产品设计、研发、评估过程中，如果这类用户角色的需求与主要人物角色不冲突，则需要重点考虑。

（3）不重要用户角色：对于此产品的某功能不具备参考价值的用户角色。在实际的设计实践过程中，这类用户角色可以帮助我们在后续的设计工作中筛选掉不重要的部分，以避免浪费时间和精力。

（4）反面用户角色：指其特征与此产品功能相反的用户角色。这样的反面用户角色可以帮助研发人员发现产品在功能方面的不足之处，以便后续对此产品进行改进。

表 6-1　角色等级评定表

参数	角色类型 1	角色类型 2	角色类型 3	…
产品特征 1				
产品特征 2				
产品特征 3				
…				
总计				

（七）用户画像的内容

用户画像的内容主要包括以下几方面。

（1）用户个人信息简介：包括用户的姓名、年龄、婚姻状况、籍贯、职业、性格、爱好、文凭、星座等。

（2）用户目标：用户使用产品或享受服务的目的。

（3）使用场景：用户使用产品或享受服务的场景。

（4）需求等级：用户对产品或服务的各方面功能或体验的需求等级。

（5）网络使用情况：用户的互联网使用能力及经验、对某网站或 App 的使用行为方式、喜欢浏览的网站、互动方式、收藏内容等。

（6）关键信息差异：不同的用户角色之间目标、行为、观点的差异。

(八)用户画像绘制案例

中老年人慢性病居家管理服务 App 设计

首先，我们需要进行数据的收集和整理，归纳出各种不同类型的用户角色。

本项目的前期调研及数据收集采用了访谈法、KANO 问卷调查法，并通过 SPASS 对数据进行分析，最终得到如下数据信息(表 6-2)。

表 6-2　SPASS 数据分析表

单位：%

a. 健康管理	A	O	M	I	KANO 属性
a1. 可添加定制健康服务功能	21.67	28.33	18.33	26.67	必备属性
a2. 老年常见病预防、干预功能	20	26.67	23.33	21.67	期望属性
a3. 智能用药提醒	15	30	26.67	23.33	期望属性
a4. 机体失能辅助功能	28.33	10	8.33	40	魅力属性
a5. 健康商城功能	15	10	13.33	50	无差异属性
a6. 健康生活方式指导	13.33	25	23.33	25	期望属性
b. 情感健康	A	O	M	I	KANO 属性
b1. 子女动态关怀功能	18.33	35	18.33	26.67	期望属性
b2. 情感生活分享功能	23.33	20	15	36.67	期望属性
b3. 语音助手	10	8.33	15	28.34	无差异属性
c. 健康监测	A	O	M	I	KANO 属性
c1. 心血管相关(血糖、血压等)监测功能	16.67	26.67	15	23.33	期望属性
c2. 运动健康监测功能	13.33	10	5	55	无差异属性
c3. 突发异常功能	18.33	30	11.67	26.67	期望属性
c4. 空气质量监测功能	16.67	10.67	10.67	38.33	魅力属性
c5. 医生远程咨询、监护功能	25	23.33	16.67	25	期望属性

续表 6-2

d. 健康评估	A	O	M	I	KANO 属性
d1. 食品、药品溯源功能	18.33	23.33	18.33	26.67	期望属性
d2. 报告可视化解读功能	26.67	23.33	16.67	30	魅力属性
d3. 健康趋势预测功能	16.67	10	10	56.67	无差异属性
d4. 健康现状评估功能	10	13.33	30	33.33	必备属性
e. 健康教育	A	O	M	I	KANO 属性
e1. 健康教育信息交流共享	21.67	28.33	18.33	26.67	期望属性
e2. 智能健康信息搜索	10	13.33	10	51.67	魅力属性
e3. 认知思维娱乐化	11.67	26.67	18.33	31.67	无差异属性
f. 健康档案	A	O	M	I	KANO 属性
f1. 线上健康档案	10	15	30	38.33	必备属性
f2. 实时线上体检报告功能	35	8.33	15	30	魅力属性

然后，我们需要对用户角色的重要程度进行划分，即需求项权重计算。根据前期由 KANO 问卷调查法所获得的数据，对用户角色进行权重计算并分级。将 App 功能需求分为必备属性、期望属性、魅力属性、无差异属性四个不同的等级。

之后由需求项权重的计算公式，我们推出其需求层次的等级顺序。其中，主要用户角色需求是挂号咨询、数据监测；次要用户角色需求主要是互动交流、查找医院、电子档案、周边病友动态获取及大小合适的文字等；对广告宣传这一无关用户角色需求进行剔除，最终得出构建用户画像时所需的用户角色特征。

在本项目中，按照需求目标的不同将用户角色分为如下四类群体：50~59 岁中年群体、60~69 岁青老年群体、70~79 岁中老年群体和 80 岁及以上的老年群体。这四类不同的群体在健康和生活状况及保健观念上都存在着或多或少的差异。

最后，我们需要在用户细分和前期用户需求提炼的基础上进行用户定位，其中包括用户的个人信息简介、生活状况、健康状况、保健观念等内容，如图 6-23 所示。

图 6-23　用户定位

根据四类不同用户角色进行用户画像绘制，这四类用户角色分别如下：活跃度高、有稳定收入、患有慢性病、注重自身保健并有较强的意愿接受智能化设备的人群；思想较为保守而不太愿意接触电子产品、收入较为稳定并且不太爱社交的人群；不愿为其他事情花费过多精力和时间的人群；基本上需要依靠子女或护工照顾的人群。

绘制的用户画像如图 6-24 所示。用户画像主要体现这些用户角色的姓名、年龄、受教育程度、收入、家庭结构、身体状况、社会关系等信息。

姓名：资奶奶
年龄：78岁
受教育程度：小学
收入：3000余元
家庭结构：有偶空巢
身体状况：患有高血压、保健意识强
社会关系：朋友圈等

跳操
娱乐活动丰富，交友广泛
性格开朗
身体保健方面需求大（保健品、保健用具）
对新鲜事物包容度高，且愿意学习
追寻物美价廉、操作简单、体验感好、上手快的产品

姓名：唐爷爷
年龄：82岁
受教育程度：大学
收入：5000余元
家庭结构：有偶空巢
身体状况：一般，不定期住院检查
社会关系：朋友少

身体机能维护保健
家务劳动少，基本不做清洁，偶尔做饭，请家政服务或依靠子女
希望子女多回家陪伴自己
电视为主要娱乐活动，出门距离短且次数较少
使用具有基本功能的老人机
不太愿意尝试新鲜的事物
朋友逐渐减少

姓名：褚奶奶
年龄：76岁
受教育程度：小学
收入：1000余元
家庭结构：有偶空巢
身体状况：患有慢性疾病
社会关系：朋友圈等

对于产品，喜欢传统（开关式/按键式）结构多于智能结构
不太接受新鲜事物
喜欢聊天，缺乏情感关怀，渴望子女陪伴
物美价廉
主要智能化需求在家务劳动方面（烹饪、家庭清洁）
身体保健方面需求大（保健品、保健用具）

姓名：张奶奶
年龄：59岁
受教育程度：初中
收入：3000余元
家庭结构：有偶空巢
身体状况：良好
社会关系：朋友广泛

有工作，非稳定收入来源，退休返聘
注重自身保养
有时要带孙，必要时给子女经济支持
智能化产品多（智能机、iPad、小米手环等）
对智能化医疗设备愿意尝鲜（测量血压仪、血糖仪、耳温枪等）

图 6-24　用户画像

（九）用户画像的局限性

用户画像也具有其局限性，例如由于用户画像是根据用户需求进行创建的，因此当收集的用户角色数据典型性不够强时，可能会影响最终的设计成果，使得设计方向产生偏离。除了由数据代表性不强而造成偏移，用户画像还具有其他方面的局限性，具体如下。

（1）过度简化：用户画像一般会将用户群体划分为不同的类型，而这种类别的划分可能对用户的多样性及复杂性造成简化和一般化。用户个体需求可能会远大于用户画像所涵盖的范畴。

（2）静态性：用户画像的构建往往是在某个确定的时间点上完成的，而用户实际的需求和行为是一种动态变化的过程。这就表示用户画像可能会因为跟不上用户需求及行为的变化而过时，使其不再能够准确地表达用户当下的需求。

（3）偏见和误导性：在对用户画像进行绘制时，绘制者可能会被访谈、问卷调研、样本分析等多种因素影响，从而使得其构建的用户画像存在一定的偏见和误导性，这也会影响设计团队对于用户真实需求的获取和判断。

（4）缺乏深度和细节：用户画像描述的是群体的一般性特征，对于细节和深度信息并没有太多的把握，这也使得其对于某些细节化的需求及对用户的特殊性理解不够到位。

（5）局限于定性数据：用户画像的绘制往往基于定性数据，而不包括对定量数据进行分析，这可能会限制设计团队对用户偏好及行为的全方位理解。

（6）无法预测未来行为：用户画像虽然可以帮助设计团队洞察用户过去和现在的行为，但是其无法对用户未来的需求或行为进行预测。

根据上述内容我们可以得出，用户画像虽然是一种较为便利有效的工具，但是在实际应用的过程中也需要十分谨慎，要多结合各类其他数据分析方法及归类方法，在多方法对比下综合全面地考量用户的需求。

二、设计故事板

（一）什么是故事板

故事板作为一种可视化的工具，是以故事化的形式来展现特定产品在实际场景应用中的使用过程的。绘制故事板可以帮助设计团队更好地理解目标用户在使用产品的过程中经历的交互情景，以及产品的使用形式和使用阶段等。

故事板可以贯穿设计的全流程，随着设计的不断深入而演进。故事板在初始阶段可能只是简略的草图，其中可能还包括一些建议和评论的内容。随着设计过程的不断深入，故事板也会逐渐变得更加丰富，同时也会加入更多的细节内容，以帮助设计团队探索其中可能存在的创新点，并作出相应的设计决策。

在设计的收尾阶段，完整的故事板可以协助设计团队审视产品的使用效果、设计形式、用户价值和设计品质等方面的内容。这种视觉化表达工具，不仅可以帮助设计团队以更加全面的方式对设计方案进行评估和思考，还可以帮助提高产品设计的质量和功能全面性。

（二）方法和步骤

故事板的制作一般包括以下步骤。

（1）明确创意点：首先要对一个用户角色及其关注点进行明确，然后对创意目标进行设想，勾勒出大致的使用场景。

（2）选定故事：选定一个要用故事板表达的场景，对需要用故事板表达的交互内容进行明确。

（3）制订大纲：对用户动机进行分析，明确交互过程中的事件及产品在交互过程中的状态。确定每个故事情景发生的时间轴，对故事的内容进行精减，确定故事板所需分镜头的数量，可以先采用文字的形式对故事板的分镜头进行确定。

（4）绘制草图：根据上一步确定的大纲内容，对应各个时间轴进行草图绘制。在绘制的过程中，应当选择合适的构图框架，考虑是否需要添加注释信息，以及确定画面中需要强调的内容和留白之处。

（5）完整绘制：将故事板绘制完成并为其补充简短的注解，对故事板的表达层次进行调整，将一连串的故事情节连接成一个完整的用户交互场景。

（三）注意事项

不同的视觉表达方式可能会影响读者对于故事板的体验和反馈，为用户提前提供故事板，可能会使其产生一种先入为主的印象。在涉及多个用户角色的情况下，应考虑制作多个故事板。粗略、开放式的故事板草图更容易在激发联想、评估创意时引发用户的评论和思考；过于精致完整的故事板，反而有可能对用户的思维造成一定的限制。而在展示产品的设计方案和概念时，故事板则往往需要配备完整的设计细节。

（四）研究案例

定制化可穿戴助眠智能产品设计

1. 设计说明

这是一款帮助用户从根源解决失眠问题的助眠智能眼罩，也是一个可以随身携带的压缩枕头。它与你常见的眼罩和枕头都不一样，具体如下：

（1）它内嵌一个 AI 睡眠小管家，能接收你的语音指令，引导你进行压力缓解，带你领略从未看到过的精神世界。

（2）当你躺下以后，它会自动变成一个枕头，当你睡着后，眼罩自动打开，让你解放双手。

2. 场景定位

普通家庭环境。

3. 建议场景

催眠过程（引导模式）——床上使用。

睡眠过程（睡眠模式）——床上使用。

分析过程（解梦模式）——任意场景。

训练过程（冥想模式）——宽敞区域。

4. 用户定位

16~31 岁年轻群体。

5. 选定故事

故事设定为经常失眠的小周在家中夜间睡眠前后的经过。

6. 制订大纲

情景一：小周在上床睡觉前会玩一段时间的游戏。

情景二：洗漱结束后小周会在床上玩手机。

情景三：小周因玩手机后精神亢奋而失眠。

情景四：小周想起自己有一款穿戴助眠设备。

情景五：小周穿戴好助眠设备。

情景六：小周躺下使设备后方的充气枕头膨胀。

情景七：小周与智能化可穿戴助眠设备进行语音交互。

情景八：智能化可穿戴助眠设备开始播放与星辰有关的助眠内容。

情景九：智能化可穿戴助眠设备检测到小周已经进入睡眠状态，自动打开设备。

情景十：早上对充气部分进行压缩。

情景十一：小周带上压缩好的智能化可穿戴助眠设备，设备通过语音交互的方式为小周提供昨晚的睡眠梦境报告。

情景十二：小周打开手机 App，利用智能化可穿戴助眠设备进入冥想模式（图 6-25）。

图 6-25　定制化可穿戴助眠智能产品设计故事板

三、情绪板

情绪板通常指一种可视化的视觉工具，它可以用于理解、展示和记录人们的情绪、心理状态或感受。情绪板可以白板、纸张或在线图表的形式表达内容。

情绪板一般可用于对个人或群体的想法、感受及情绪等进行收集，以帮助设计者更为明确地了解用户在不同阶段的情绪变化，以及某些事件或主题与情绪变化之间的关系。它可以应用于团队建设、心理治疗、市场调研、设计调研等多领域及场景。

人们可以在情绪板上用图像、颜色、文字等方式对自己的情感进行表达，通过可视化方式，将自己的情绪和体验进行呈现；同时也可以用情绪板对情绪的变化和特定事件下的情感反应及情绪态度进行追踪记录。

情绪板的设定和使用方式需要依据实际应用场景来确定。例如，在心理治疗场景下，患者可以通过情绪板来对自己的情感和情绪变化进行记录与表达；在团队建设中，成员则可以用情绪板对项目决策进行情绪反馈，从而增进项目人员的沟通与理解。在产品设计中，相关人员则会应用情绪板来对用户在使用产品或享受体验的过程中的不同阶段的情绪变化进行反馈，以帮助设计师更好地了解用户在各阶段不同的需求和情绪，从而发现其中的问题，寻找到设计机会点。

总体而言，情绪板是一种能够帮助人们更好地理解、表达和管理情绪，进而促进认知、交流及改善心理状态的一种可视化工具。

（一）制作步骤

情绪板的制作阶段分为准备、研究和运用两个阶段。

1. 准备阶段

第一步，确认场景范围和原型问题。要明确需要从情绪板中获得的内容，以及所需邀请的参与者，并且考虑此情绪板是针对项目内部，还是针对邀请到的潜在用户和其他利益相关者。

第二步，收集灵感。在线上资料网站或者书籍中查阅、浏览相关的信息，并对其中有用的资源进行整理和归纳，以从中获取所需要的材料和灵感，也可以尝试用外出实地调研、拍照与录像等方式获取灵感内容。

第三步，组织并完善。将收集到的材料组织起来，形成一个完整的拼贴，然后对其进行增漏补缺与细节调整，直到形成一个较为满意的情绪板。这一步可以采用制作实体情绪板的方式，也可以采用数字化情绪板的方式来对内容进行呈现。

2. 研究和运用

第一步，展示和收集反馈。对设计团队或部分用户进行情绪板展示，并对他们的反馈和讨论信息进行收集。

第二步，迭代。依据之前收集到的反馈信息，对现有的情绪板进行重新排列和添加注释等处理，也可以从收集的材料中创建新的情绪板，再进行迭代。

（二）研究案例

定制化可穿戴助眠智能产品设计

在此项目中，通过前期对用户进行访谈及调研，获得用户在不同使用阶段下的情绪表达。其中包括用户在佩戴智能穿戴设备之前、佩戴过程中、使用过程中、脱卸过程中，以及结果反馈过程中的不同情绪值。通过将这些不同的情

绪值按照情绪值高低分类排列，获得如下情绪板(图 6-26)。通过这张情绪板，我们可以更加清晰简明地了解到用户在不同使用阶段中对产品或体验的满意度。

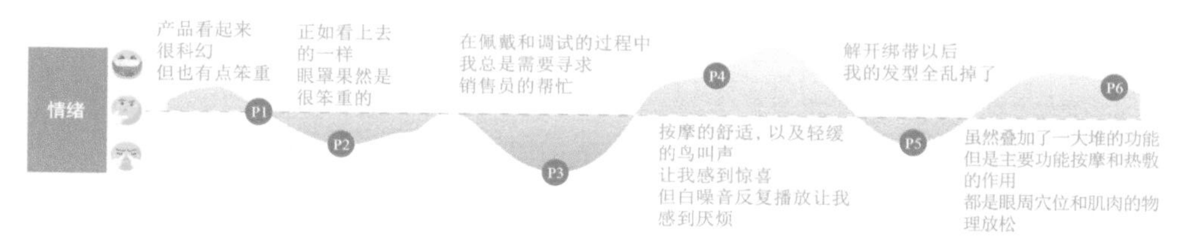

图 6-26 情绪板

四、用户旅程图

用户旅程图(user journey mapping)即用户体验地图(user experience map)，体验地图的目的是更加直观地展示用户在产品使用过程中的各个阶段的用户体验，其中包括用户的情绪、行为、痛点、触点、思考及设计机会点等方面的内容。通过图表化的方式使用户使用产品的全过程变得更加清晰直观，不同阶段的用户使用体验也可以得到有序展现，进而帮助产品的设计者、决策者更加准确地把握用户的使用体验。

用户旅程图实际上也是一种故事化的传达方式，它可以从用户的角度出发描述用户使用产品和接受服务的全过程。通过对该过程的可视化呈现，可以使设计者更加简单直观地发现用户在使用产品过程中所产生的痛点和满意点，进而帮助设计师总结产品或服务中亟待改进之处及发现新的设计机会点。绘制用户旅程图的过程实际上可帮助产品或服务设计团队更加详细地了解用户在使用产品或享受服务的整个过程中的想法、思考、行为等。

(一)用户旅程图的作用

好的用户体验往往会超出用户的期望。用户旅程图的作用不仅在于对用户与产品或服务互动的过程进行详尽的记录，还包括帮助设计师找到用户所期待的体验及服务，进而发现实际体验和预期结果之间的差异等。

并且用户旅程图专注于对用户使用产品或服务的全过程进行可视化呈现，端到端地呈现用户视角下的使用感受及体验。它通过这种方式为设计团队提供更加宽广的视角，做到定性和定量地对用户行为进行研究。其在设计的整个过程中起到以下作用：前期帮助设计团队发现用户痛点并找到设计机会点；后期为产品的持续优化提供方向，并提供用户反馈以协助产品的改进。由此可见用户体验图在整个用户研究的过程中有着不可或缺的作用，以下将其概括为五点并做详细解释。

(1)明确核心目标：通过把握不同类别的用户在使用不同的产品或者处于不同使用场景中的行为及体验，以定研究量和定性研究的分析方法对其体验结果进行可视化反馈，帮助设计师更加快速高效地寻找到改进机会点。

(2)增强全局思维：通过绘制用户旅程图可以达到结合用户视角，以全局性的思考方式和思维逻辑来思考产品设计过程的作用。

(3)发现机会点：用户旅程图通过对情绪曲线的绘制可以对用户在不同使用场景和阶段的情绪波动进行简明清晰的反馈，从而帮助设计师发现用户痛点问题，并挖掘出设计的创新机会点，设计出更符合用户使用习惯、更加具有产品竞争优势的产品。

(4)提升参与感和同理心：通过绘制用户旅程图可以让团队成员体验并参与产品使用的过程，通过对产品的切身使用增强其用户同理心，进而达到使团队成员能够更好地理解用户需求的作用。

(5)表达方式更直观：通过绘制用户旅程图可以以地图化的方式更加直观地展现用户与产品或服务之间的交互节点，帮助团队成员更好地理解用户期望和用户痛点，以便于团队后续对产品进行优化和改进。

(二)绘制用户旅程图

下面将以 City Walk 服务设计为例展开用户旅程图的绘制步骤，主要分为明确用户、确认场景、用户访谈、绘制旅程地图四个步骤。

1.明确用户

首先要确定目标用户，根据用户的体验流程对用户进行划分，锁定高价值用户并对其进行招募。City Walk 是年轻人喜爱的活动，参加者多为 18~35 岁的已婚有孩人群和单身青年，他们生活在新一线城市及以上，有稳定的工作和不错的收入，多为职场白领，因此对社交热点话题有较高兴趣和尝试意愿，日常也会参与骑行、爬山、露营、演唱会等户外运动，因此确定目标人群为 18~35 岁的年轻群体。

2.确认场景

City Walk 的全过程为本服务系统搭建的主要场景。从 City Walk 前、City

Walk 中、City Walk 后三个阶段的体验全路径进行梳理整合。

3. 用户访谈

在实际调研中，我们需要对项目所研究的特定用户群体进行访谈，通过分析访谈结果获取有效的数据。在 City Walk 项目中我们对相关用户群体进行了访谈，通过访谈获得了用户的基本个人信息、用户目标、用户痛点、使用场景等内容，并据此进行了用户对各方面体验的需求等级划分。

4. 进行旅程图绘制

在绘制用户旅程图的过程中我们需要对前期的用户调研和访谈信息进行归纳整理，以可视化的形式对收集的数据进行表达，并以定量化的方式对用户在整个服务流程中的体验满意度进行反馈。

绘制的内容主要有以下几方面。

(1)用户的行为：用户在不同阶段要做的事情。例如，在 City Walk 服务系统中用户在 City Walk 的前、中、后期都有着不同的行为。

(2)用户的想法：用户在实际体验过程中用户的想法。

(3)用户的满意点：用户感到快乐或超出预期的事情。

(4)用户的痛点：用户在体验过程中感受到糟糕或者烦躁的事情。

(5)设计机会点：在用户痛点的基础上发现解决痛点的设计方案。

(6)用户的情绪曲线：将用户在不同使用或体验阶段的感受以图表的形式可视化表达。

(三)研究案例

City Walk 服务设计

1. 在用户行为的基础上提炼出用户使用流程

在任何产品或服务使用的过程中用户都需要体验多种不同的任务和场景，因此在开始绘制用户旅程图的时候我们需要先对用户使用产品或服务的主要流程进行提炼，以支持后期的用户体验分析。

提取使用流程的步骤：首先要对产品或服务的核心目的、核心价值进行归纳梳理，并从中提取出用户在使用产品或享受服务的过程中所必须完成的任务；然后对提炼出的任务进行筛选，筛除掉其中无法进行使用流程分析和情感体验分析的使用任务。

2. 撰写关键使用阶段的用户行为

行为(doing)：分析并撰写用户在不同阶段的关键行为触点，表明在此阶段中用户的关键行为，即用户正在做什么。例如，在City Walk服务中的第一阶段，用户在City Walk前会有打开手机查看天气和室外温度、随机选择游览路线、邀请朋友出门、出门等关键行为触点。

3. 整理用户在不同使用阶段的思考

思考(thinking)：用户在当前使用阶段所产生的思考和疑惑，即用户对于完成当前这一使用任务或体验有何困惑或想法。例如，在体验City Walk的服务时用户是否可以获取天气提示，或者获得有趣的路线推荐等。

4. 将用户痛点内容添加在相应用户行为触点下

痛点(pain point)：提炼出用户在不同使用阶段产生的感到不满或糟糕的行为触点，并按照其与关键行为的相关度进行分级排序。例如，在City Walk中用户会对于随机决定路线的安全性无法保障、没有一起出行的伴侣、不记得走过的路线等使用行为感到不愉悦，这些都是在City Walk服务中所产生的痛点问题。

5. 判断用户情绪值，制作曲线图

情绪：对用户情绪高低的判断主要来自对用户不同阶段的痛点和愉悦点的重要性评判。例如，City Walk用户会对出门玩这一行为的满意值最大，因此这一行为就会在情绪曲线上表现出最高值；而用户对于走到一半突遇恶劣天气这一行为会表现出最为强烈的糟糕情绪，因此其在情绪曲线上表现为情绪最低点。

6. 考虑不同行为触点和用户痛点下的设计机会点

设计机会点：需要考虑用户在当前相应行为下的痛点问题的解决方法，在所构想的解决方案中选取最佳方案，并考虑在此场景下是否有更优的问题解决创新点。

由以上步骤我们可以得出完整的City Walk服务用户旅程图，如图6-27所示。

根据用户体验图分析可以看出，在产品的服务中可以通过为用户搭建互动平台、提供实体交互、与相关店铺联动等方式提高用户City Walk的服务体验。

7. 用户旅程图制作的后续工作

与相关决策者一起审查制作好的用户旅程图，并开展头脑风暴。

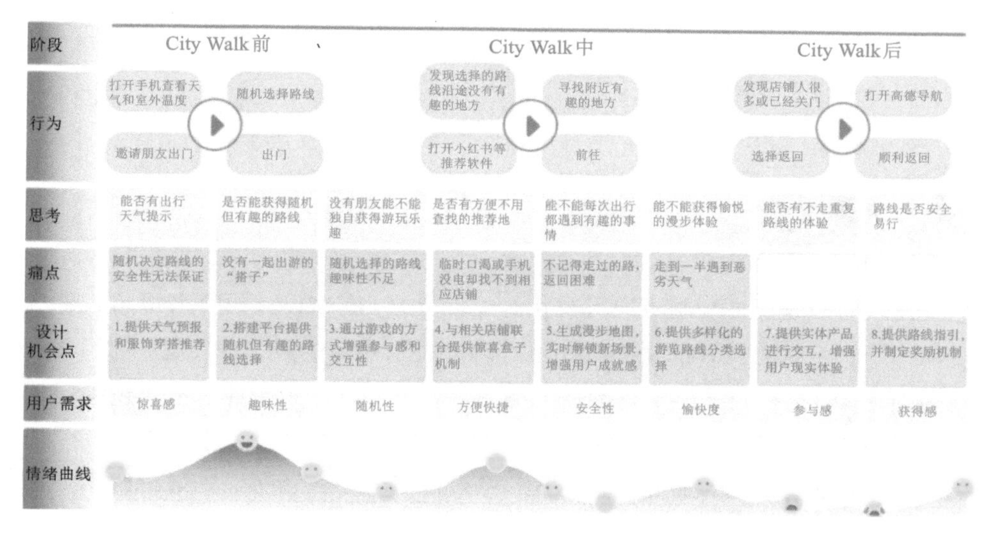

图 6-27　City Walk 用户旅程图

用户旅程图制作的后续工作主要是将用户旅程图上的每一个标签内容进行复现，与团队成员共同探讨用户研究时发现的问题，如用户的感受、想法等，通过这样的形式增强团队的用户同理心，从而帮助团队在未来做出更符合用户需求的决策。另外，后续还需要将用户旅程图上的各个行为触点、情绪曲线和设计机会点按照优先级进行排序梳理，并寻找合适的对策，具体如下。

(1)对情绪体验的最高点是否有将其优化放大到极致的方法。

(2)对于情绪曲线的最低点，是否能用其他方式均衡改善这一点的情感体验。

(3)对于处在情绪曲线中下部的触点，可以根据竞品分析，参考其他竞品解决这些痛点问题的方案，并对自己的设计进行反思。

第三节　用户偏好选择

一、意向看板

(一)什么是意向看板

意向看板是沟通者将意向可视化的一种方式，有些设计研究者也将其称为意向图。一个精心设计的意向图能够生动地展示产品的风格、外观、功能和潜在用户体验，为用户提供清晰的视觉印象。例如，研究人员针对不同色彩风格的家具制作了一组图文并茂的色彩风格意向看板(图 6-28)。不同类型的意向看板有助于设计者与用户更好地沟通，让设计者或研究者更清晰地理解用户偏好，也让用户更好地理解设计的方向和愿景，从而更容易投入并参与设计研发过程。

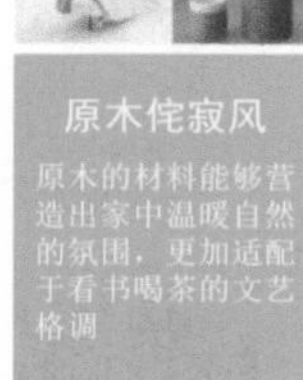

图 6-28　色彩风格意向看板

(二)意向看板对用户研究的作用

第一，意向看板能为用户研究提供基础数据展示。通过用户研究得到的原始数据，如用户反馈、使用情况统计等，可以被整理并展示在意向看板上。例如，通过用户访谈发现多数用户对某个功能的改进呼声很高，这个信息就可以被记录在意向看板的相应位置，供团队参考。

第二，意向看板能够将用户研究的成果转化为可视化的信息，便于团队成员理解和交流。在传统的用户研究中，研究报告往往是文字密集且篇幅较长的文档，不易被快速消化和分享。而意向看板通过图形和色彩的巧妙运用，使复杂的数据变得直观易懂，有助于团队成员迅速把握用户需求和市场动态。

第三，意向看板可以作为用户研究的持续性工具。在产品开发的不同阶段，团队都可以根据更新的用户研究成果调整看板内容，保持信息的时效性和相关性。同时，它也可以帮助团队跟踪用户反馈的变化趋势，发现新的问题和机会。

意向看板与用户研究是相辅相成的两个工具，它们互相提供信息支持，共同推动产品设计和市场策略的发展。在这个基础上，通过持续迭代和优化，我们能够更精确地捕捉用户需求，提升产品竞争力。

为了使意向看板与用户研究之间的协同效应最大化，团队应当定期更新用户研究的数据和方法，确保所收集的信息能够真实反映用户的当前状态。同时，也需不断优化意向看板的格式和内容，使其更加贴近实际工作流程和用户需求。

二、感知定位图

感知定位图是产品设计中的一种可视化工具，它可以帮助设计师更好地理解市场、用户需求及外部竞争环境。其目的是精准地抓住用户对于某产品或服务的定位与感知，以便于更好地满足用户的需求。感知定位图通常包括如下内容。

（1）用户感知：用户对于产品的期望、需求和感受，涉及用户的情感反馈、体验和品牌认知等方面。

（2）市场定位：产品在市场销售中的定位，其中还包含对竞品的特点、定位的分析。通过定位可以帮助设计师更好地了解此产品在市场销售中所需具备的特点和优势竞争力。

（3）产品特性：其涉及产品的特点、功能、设计元素等方面的内容，以及这些要素对用户体验的影响。

(4)用户旅程：用户对产品的购买、使用及维修养护的全过程。

综上所述，感知定位图是一种能够帮助设计师对产品进行深入了解，进而精准把握用户需求、提升用户体验、增强产品市场竞争力的一种方法，其通常会结合用户反馈、设计策略、市场调研等方面的内容。

(一)感知定位图的作用

感知定位图主要包含三个方面的作用：一是可以帮助设计者更好地了解用户对于某产品或服务的感知；二是对现有产品、服务、品牌等在感知空间中的位置进行揭示；三是帮助设计师发现产品、服务等在感知空间中的缺口或机遇。

感知定位图在产品设计和市场营销中起着十分重要的作用，具体如下。

(1)了解用户感知：感知定位图帮助相关人员确定用户对产品、服务或品牌的感知。它能展示用户在不同维度上的认知，如价格、品质、便捷性等方面。这有助于设计团队更深入地理解用户需求和期望。

(2)揭示市场位置：通过感知定位图，可以清楚地展示出产品、服务或品牌在市场中的定位。这有助于了解竞争对手，看清自身产品与其他产品之间的差异性和竞争优势。

(3)发现机会和缺口：感知定位图能够指出市场中的机会和缺口。当产品在某些维度上相对较弱或市场上有未满足的需求时，这种图表可以帮助相关人员发现创新的机会。

(4)指导决策：感知定位图为决策提供数据支持。它可以帮助管理团队做出更明智的战略选择，如产品定位调整、市场推广策略优化等。

(5)沟通和共识：感知定位图是一种视觉化工具，能够帮助不同团队成员、利益相关者之间更有效地沟通。它可以提供一个共同的视角，促进讨论和决策的达成。

总体而言，感知定位图是一种功能强大的工具，能够帮助企业更好地了解市场行情、用户需求及产品或品牌在市场中的位置，从而指导决策并发现创新机会。

(二)感知定位图的呈现形式

感知定位图是指消费者对某个品牌或产品看法的可视化表达，通常采用二维坐标图的形式进行呈现，在 x 轴与 y 轴这两个坐标轴上绘制用户偏好，以帮助公司更好地了解用户。

(三)研究案例

苏泊尔“年轻人最喜欢的色彩”研究

在苏泊尔公司进行的“年轻人最喜爱的色彩分析”项目中，研究团队采用了坐标轴感知定位图(图6-29)来展现不同色彩在年轻人心目中的定位。以下是该坐标轴感知定位图绘制的步骤。

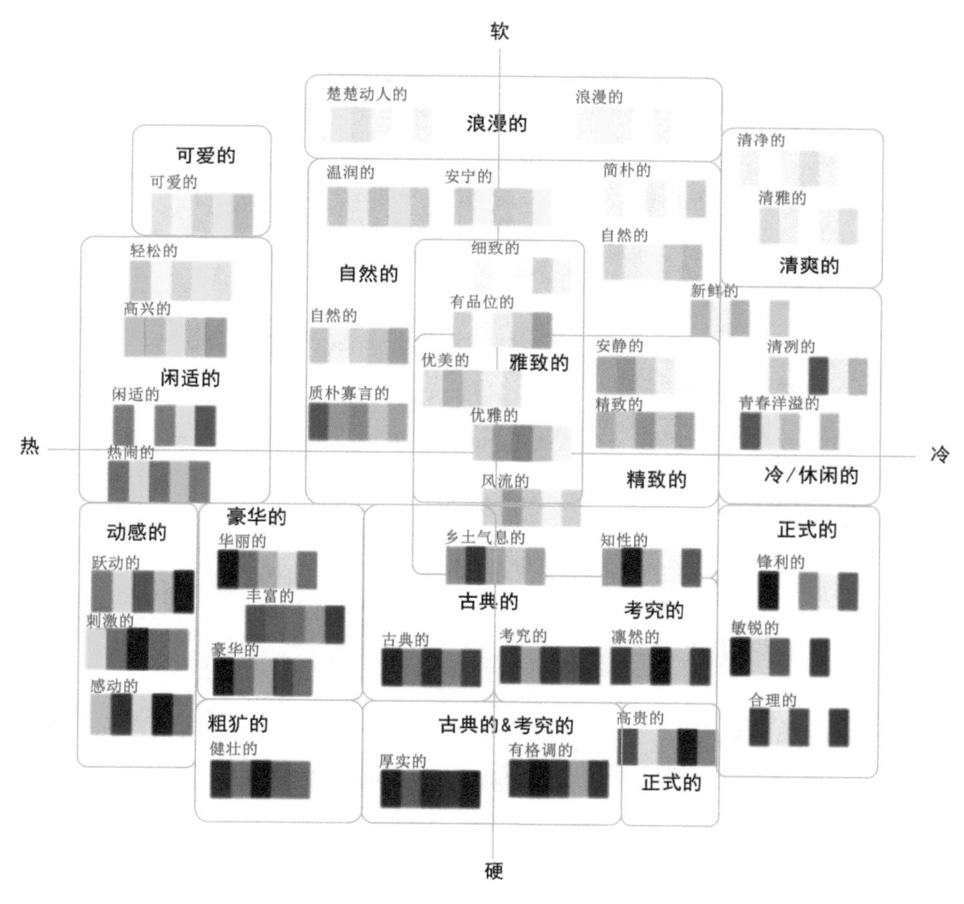

图6-29　色彩感知定位图

1. 建立 x 轴和 y 轴

x 轴和 y 轴分别代表该产品的两个关键属性，而这两个关键属性，需要通过市场调研及数据分析来获得。在找到所需要的数据或属性的过程中，我们通常选择定性或定量的方法。

定性方法：根据定性方法获取的数据构建出的感知定位图，可以帮助公司识别用户对于产品、品牌或服务的看法和感受。定性方法一般包括调查、访谈和评论等形式，其中包含 F2F 访谈法和 FGD 焦点小组方法等。通过获取访谈对象的实际经验，从中提炼出共有属性特征。这种方法不仅能够针对单独用户进行，还可以获得更多用户对于同一产品的不同看法，进而把许多用户所形容的品牌特征综合，加权得到两个重要的关键属性特征，进而形成 x 轴和 y 轴的双轴属性。

定量方法：定量研究的方法包括使用辅助研究数据（即在线上或在市场研究报告中获得用户满意度数据）和生成独立的主要数据（即单独从项目初始就进行市场调查，并对产品的变量和属性等级进行确定）两种方法。定量调研目前多采用大数据的形式获取共性特征，而大数据获取的共性特征就是定位图中需要使用到的关键属性。

x 和 y 轴的两个关键属性之间一般存在着相互关联因素，比如在苏泊尔“年轻人最喜欢的色彩研究”项目中，我们在感知定位图中采用了色彩的冷、暖和软、硬两个属性来进行 x 轴和 y 轴的构建。这是由前期调研和数据分析所得出的色彩关键属性结果。

2. 建立和分发调查

为了建立用于开发的完整数据集，必须向市场及相关人员进行问卷调查。当前，我们通常采用问卷星等在线工具，对调查表进行设计和发放，可以通过李克特量表提出有关问题，进而获取相关有价值的信息。

3. 计算分数（加权平均数）

在这一步中，我们要开始分析和计算反应数据，这些数据常常以问卷中封闭和开放式问题的定性数据形式呈现。在这种情况下，我们需要制作一个数字刻度，如采用李克特量表来分析长响应，并随后对这些响应进行数值分配。

对于通过定量调研获取的数据，可以采用中位数的方法来获得其加权平均数，也可以使用直接调研的数据，根据其对应的属性将其填入感知定位图中。

定性调研则多是采用F2F访谈法、FGD访谈法，因此我们可以直接采用李克特量表来获取加权平均数。

4. 进行数据排布

针对各种不同的产品色彩按照其色彩感受进行分组，如让人感受到浪漫的色彩、让人感到可爱的色彩等，并按照相应的色彩冷暖度及色彩感受的软硬程度在坐标轴上对其进行高低不同的位置排布。

5. 添加标签和说明

为每个不同的数据点添加颜色名称或标签，例如在动感的色彩区域添加"跃动的""刺激的""动感的"标签，以对处于坐标系不同位置上的色彩情绪偏向进行解释。

6. 视觉优化和修饰

对图标的可视化效果进行优化，例如在此项目中给不同的色彩区域加上圆角矩形框，以帮助团队成员更好地理解坐标系不同位置的色彩的代表情绪，起到增强视觉吸引力、明晰内容层次的作用。

7. 审查和调整

在绘制结束后，需要对图表的准确性和表达效果进行审查，然后根据项目需要进行适当的调整和修正。

总结，在苏泊尔对年轻人最喜爱的色彩分析项目中，利用坐标轴感知定位图可以帮助团队成员更好地理解不同颜色在年轻人心目中的情感定位，从而为后续的产品设计、品牌营销等工作提供参考和指导。

(四)局限性

感知定位图的制作在过程相对较简单，但其也存在一些局限，如在绘制感知定位图的过程中必须先建立起至关重要的属性，以通过这些属性来对产品或服务进行评估。

三、偏好定位图

偏好定位图是展示消费者对于不同品牌、服务或产品的偏好并进行定位的一种可视化工具，其将产品或服务的关键属性，如品质、价格、易用性等以一种可视化的方式表达出来。通过这一图表，设计者可以更加简明清晰地了解到消费者对于不同产品、服务的观点和看法。

（一）绘制步骤

偏好定位图的绘制通常包括以下几步。

（1）确定关键维度：首先要找到用于进行比较的产品关键属性，这些产品的关键属性必须是对消费者的购买决策起到关键作用的属性。

（2）收集数据：需要对不同产品或服务在关键属性维度上的数据进行收集，可以采用用户访谈、市场调研或者其他方法进行调研获取。

（3）制作图表：根据收集整理好的数据对偏好定位图进行绘制，选择一种可视化的图形来展示不同服务、产品在各个关键属性维度上的位置。

（4）分析和理解：对偏好定位图进行分析，以了解不同产品或服务在消费者心中的具体定位。这不仅可以帮助团队洞察市场竞争环境，还能帮助团队发现潜在的设计机会。

总体而言，偏好定位图在制订品牌销售策略、进行产品市场定位、把握产品设计方向等方面起着至关重要的作用。它可以起到帮助企业更细致深入地了解消费者喜好，制订合理的销售策略，提升产品或服务竞争力。

（二）研究案例

苏泊尔“年轻人最喜欢的色彩”研究

以苏泊尔“年轻人最喜欢的色彩”项目中所进行的偏好定位图绘制为例，本文截取其中对于循环风扇的偏好定位图作为案例，如图 6-30 所示，该偏好定位图选择价格和颜色这两点作为循环风扇这一产品的关键属性维度，将苏泊尔不同颜色和价位的风扇在这个坐标轴上进行分级排列，让我们可以直观地感受到不同价位循环风扇的颜色选择趋势，以便于后期在定位产品价格档位时更好地对其进行色彩选择和搭配。

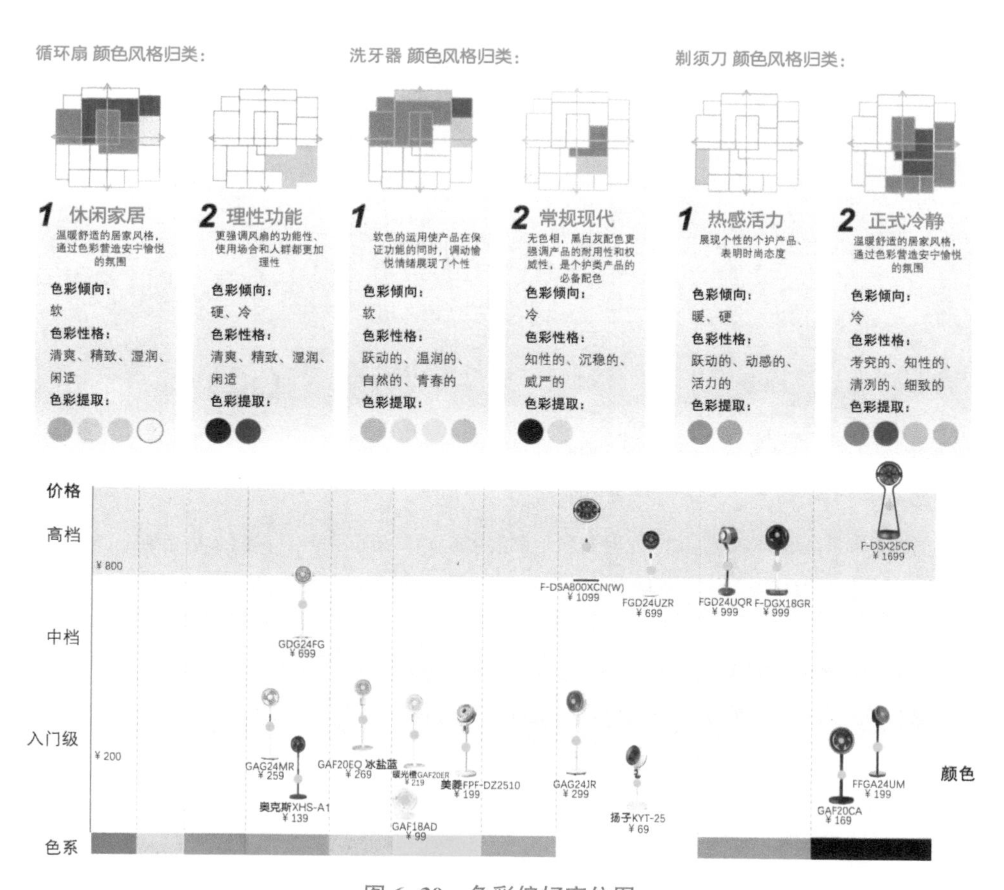

图 6-30 色彩偏好定位图

参考文献

[1]腾讯用户研究与体验设计中心. 在你身边, 为你设计[M]. 北京: 电子工业出版社, 2020.

[2]杨宗勇. 小米哲学: 雷军的商业生态运营逻辑[M]. 北京: 中国友谊出版公司, 2019.

[3]葛列众, 许为. 用户体验理论与实践[M]. 北京: 中国人民大学出版社, 2020.

[4]刘世忠. 苹果畅销全球的商业模式[M]. 北京: 电子工业出版社, 2012.

[5]栾玲. 苹果的品牌设计之道[M]. 北京: 机械工业出版社, 2014.

[6]尼古拉斯韦伯. 极致用户体验[M]. 北京: 中信出版集团, 2019.

[7]杰西. 用户体验要素[M]. 北京: 机械工业出版社, 2022.

[8]陈峻锐. 以用户为中心[M]. 北京: 中国友谊出版公司, 2022.

[9]凯茜・巴克斯特, 凯瑟琳・卡里奇. 用户至上: 用户研究方法与实践[M]. 北京: 机械工业出版社, 2017.

[10]库涅夫斯基. 用户体验面面观方法、工具与实践[M]. 北京: 清华大学出版社, 2010.

[11]Andrea Moed. 洞察用户体验: 方法与实践 [M]. 2 版. 北京: 清华大学出版社, 2020.

[12]葛列众, 许为主编. 用户体验理论与实践[M]. 北京: 中国人民大学出版社, 2020.

[13]DANSAFFER. 交互设计指南 [M]. 2 版. 北京: 机械工业出版社, 2010.

[14]戴力农. 设计调研[M]. 北京: 电子工业出版社, 2016.

[15](美)凯茜・巴克斯特(Kathy Baxter), (美)凯瑟琳・卡里奇(Catherine Courage), (美)凯莉・凯恩(Kelly Caine). 用户至上——用户研究方法与实践[M]. 北京: 机械工业出版社, 2017.

[16]韩挺著, 周武忠. 用户研究与体验设计[M]. 上海: 上海交通大学出版社, 2016.

[17](美)贝拉・马丁(BellaMartin), (美)布鲁斯・汉宁顿(BruceHanington). 通用设计方法[M]. 周荣刚, 秦宪刚, 译. 北京: 中央编译出版社, 2013.

[18]（美）TOM TULIS，BILL ALBERT 著. 用户体验度量收集、分析与呈现[M]. 2 版. 周荣刚，秦宪刚，译. 北京：电子工业出版社，2016.

[19]刘伟，辛欣. 用户研究：以人为中心的研究方法工具书[M]. 北京：北京师范大学出版社，2019.

[20]（美）杰夫·绍罗，詹姆斯 R. 路易斯著. 用户体验度量量化用户体验的统计学方法[M]. 2 版. 顾盼，译. 北京：机械工业出版社，2018.

[21]何天平，白珩. 面向用户的设计[M]. 北京：人民邮电出版社，2017.

[22]彭兰. 新媒体用户研究[M]. 北京：中国人民大学出版社，2020.

[23]由芳，王建民，肖静如. 交互设计——设计思维与实践[M]. 北京：电子工业出版社，2017.

[24]吴丹. 老年人网络健康信息查询行为研究[M]. 武汉：武汉大学出版社，2017.

[25]常方圆. 用户体验设计[M]. 南京：南京大学出版社，2019.

[26]文丹枫，杨晶晶，肖森舟等. 决战互联网+[M]. 北京：人民邮电出版社，2015.

[27]李翔，陈晓鹂. 用户行为模式分析与汽车界面设计研究[M]. 武汉：武汉大学出版社，2016.

[28]网易用户体验设计中心. 以匠心 致设计[M]. 北京：电子工业出版社，2018.

[29]胡睿. 汽车广告中的消费、画像与用户身份建构研究[M]. 成都：西南交通大学出版社，2021.

[30]曹园园. B2C 电子商务整体用户体验与顾客忠诚的驱动关系研究[M]. 杭州：浙江大学出版社，2018.